はじめに

争闘や大破壊のありさまを映画で見たければゴジラを見ればよい。しかしゴジラはどんなに面白くても想像上の怪物だ。もっと現実的なバトルは見られないものか？ この本はそういう望みをたっぷりと満たしてくれる。

恐竜はかつては実在したのだ。その争闘もきっと本当に行われたに違いない。それをイラストによってありありと見ることができるのだ。

その内容は正確な古生物学的資料によって推理して描かれている。恐竜たちは化石しか発見されないので、どんな色彩・表情をもっていたかは、実際はわからない。それを想描するには優れた芸術的才能が必要である。この本の恐竜たちは、美しく描かれている。

さらに最新知識によって説明もイラストも描かれていることも、この本の特徴である。たとえばコラムの羽毛恐竜などがその例だ。

もっとも恐竜たちはその大きさ、形そして毒液や悪臭、カメレオンのような変色能力や、絶叫、怒号などの手段によって戦っていた――実際にはそれによってむしろ戦いを避けていたというのが真相であろう。

だからこの本に描かれたほど、しょっちゅう戦っていたわけではない。これは創造的ドラマである。

―― 監修・實吉達郎

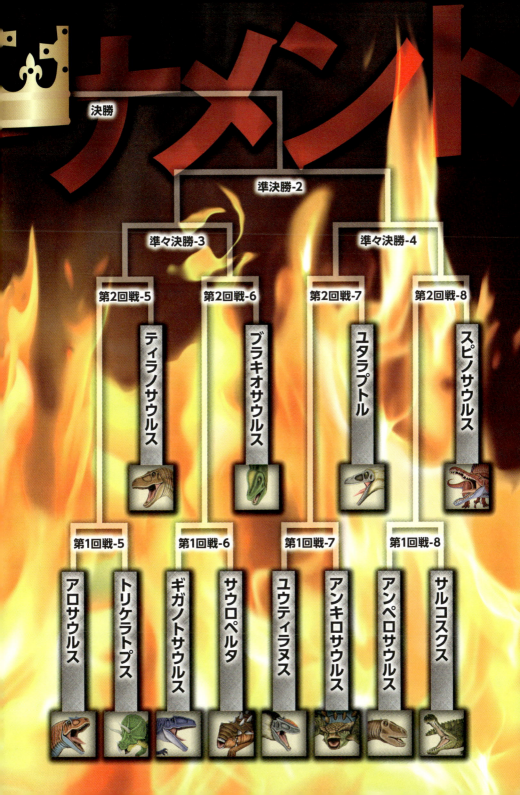

【第1章】第1回戦

【第2章】第2回戦

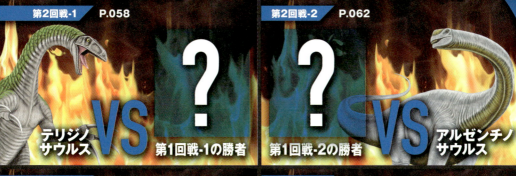

第2回戦-1　P.058　テリジノサウルス VS 第1回戦-1の勝者

第2回戦-2　P.062　第1回戦-2の勝者 VS アルゼンチノサウルス

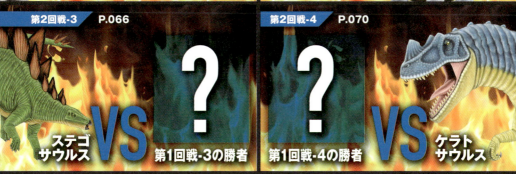

第2回戦-3　P.066　ステゴサウルス VS 第1回戦-3の勝者

第2回戦-4　P.070　第1回戦-4の勝者 VS ケラトサウルス

第2回戦-5　P.076　ティラノサウルス VS 第1回戦-5の勝者

第2回戦-6　P.080　第1回戦-6の勝者 VS ブラキオサウルス

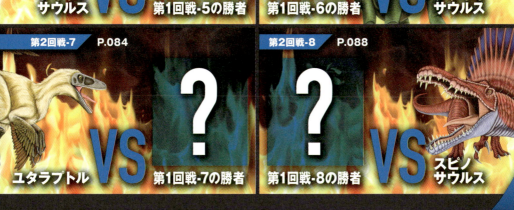

第2回戦-7　P.084　ユタラプトル VS 第1回戦-7の勝者

第2回戦-8　P.088　第1回戦-8の勝者 VS スピノサウルス

【第3章】準々決勝

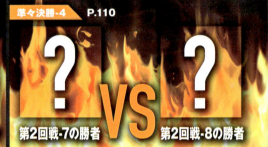

【第4章】準決勝・決勝

コラム

ルール

- ルール …………………… P.010
- ページの見方 …………… P.011
- 恐竜たちの時代 ………… P.012
- 用語集 …………………… P.138
- 恐竜データ ……………… P.140

エキシビション

| エキシビション-1 | ダンクルオステウスvsリードシクティス …………… P.052 |
| エキシビション-2 | エラスモサウルスvsモササウルス ………………… P.092 |

恐竜コラム

- コラム 1　なぜ恐竜は大きくなったのか …………… P.034
- コラム 2　恐竜の種類 ………………………………… P.054
- コラム 3　恐竜の仲間たち …………………………… P.074
- コラム 4　鳥になった恐竜たち ……………………… P.094
- コラム 5　恐竜が絶滅した理由 ……………………… P.114
- コラム 6　恐竜の一生 ………………………………… P.126
- コラム 7　実際の歯・爪の大きさ …………………… P.132

ルール

Rule 1 トーナメントの組み合わせは抽選により決定される。

Rule 2 トーナメントに出場する恐竜たちは、その種の中で一般的な大きさの個体とする。オスとメスで体格や角の有無などの差がある場合、より戦いに適したほうが選ばれる。

Rule 3 出場者の体格にあまりにも大きな差がある場合には、体格差を埋めるハンデキャップとして複数の個体を出場させる。(今回は、デイノニクスのみ)

Rule 4 おとなしく戦いを好まない性質の恐竜でも、最初から戦わずに逃走することはないものとする。

Rule 5 戦いの舞台はどちらか一方のハンデにならないように、両者の生息地に近い環境に設定される。戦闘開始後に、どちらかが自分の好む環境へと相手を誘い込むことはあるものとする。

Rule 6 戦いは極端な悪天候では行われないものとする。

Rule 7 戦いは昼間に行われる。夜行性の恐竜であっても、本来の能力が発揮できるものとする。

Rule 8 戦闘中の動物たちの行動範囲についての制限はない。

Rule 9 戦いは時間無制限で行われる。どちらか一方が戦闘不能になるか、戦いをやめて逃走した時点で戦闘終了となる。

Rule 10 ベストの状態で力を比較するため、戦いで受けた傷や疲労は次の戦いまでに回復するものとする。

戦いの舞台について

平原や森林、水辺など、恐竜たちが生活していた場所に近い環境が戦いの舞台となる。生息地域が大きく異なる恐竜の対戦では、両者が実力を発揮できるように、それぞれの生息環境に近い舞台が両方用意される。

勝敗について

相手に戦闘を続けるのが不可能なほどの重傷を負わせるか、力の差を見せつけて逃走させれば勝利。時間が経てば命を失うような重いケガを負っても、上記の勝利条件を満たした時点で勝者となる。

得意な環境で予想外の実力を発揮するかも?

最後まで勝ち残るのはどの恐竜だ?

ページの見方

❶ **ラウンド**：何回戦目かを表しています。　❷ **戦う恐竜**※**の名前**　❸ **戦う恐竜の大きさ比較**：一般的な大人の男性（170センチ）、一般乗用車（横幅450センチ、高さ150センチ）と恐竜を比べています。

❹ **データ**：分類（どの恐竜の仲間かを表しています。一般的な説を採用しておりますが、研究によっては今後変わる可能性もあります）、生息年（出現～絶滅するまで）、生息地域（住んでいたところ※）、体長（恐竜の大きさ。詳しいはかり方はP.138・用語集を参照してください）、食性（何を食べていたか）

❺ **レーダーチャート**：パワー、持久力、頭脳、攻撃力、防御力、速さ、瞬発力、凶暴性を10段階で評価しています。（残っている化石の大きさなどや最新研究などを元に、編集部独自の判断をしています）

❻ **初登場時**：恐竜の戦闘時の生態や、武器などを解説しています。／2回戦以降：前回の戦いで、どのように戦っていたのかをプレイバックしています。

※恐竜は定義として竜盤目、鳥盤目のことをいいます。しかし本書では、翼竜や首長竜、爬虫類も恐竜と同年代に生きた生物として、対戦に入れております。

※生息地域は、化石や研究によって住んでいたであろう場所の、現在の地名にしています。

❼ **戦いの舞台**：左ページのルールにもあるように、どちらかの恐竜があまりにも不利にならない場所を設定しています。　❽ **戦いの様子**　❾ **LOCK ON!!**：戦いにおいて注目したい場面をピックアップしています。

恐竜たちの時代

人類が誕生するはるか前の時代、地球上を支配していたのは恐竜たちだった。恐竜たちはいつ頃に誕生し、どのくらいの期間栄えていたのだろうか？ 彼らが生きていたのはどんな時代だったのか、簡単に学んでいこう。

地球の歴史

地球が誕生したのは、今から約46億年前のこと。下の図は、地球誕生から現代に至るまでの時代の区分と、それぞれの時代で起こった大きなできごとについてまとめたもの。恐竜が栄えたのは、このうちの中生代と呼ばれる時代である。

地質年代	冥王代	太古代（始生代）		原生代			顕生代									
							古生代						中生代			新生代
							カンブリア紀	オルドビス紀	シルル紀	デボン紀	石炭紀	ペルム紀	三畳紀	ジュラ紀	白亜紀	
※年前	46億	35億	34億	27億	20億	10億	~	6億	5.8億	5.5億	5.1億	4.8億	4.5億	4.2億	3.6億	3億	2.5億	2.2億	2億	1.45億	6600万
主な出来事	地球誕生	原核単細胞（菌など）生物誕生	光合成生物（シアノバクテリア（藍藻））登場	真核生物（細菌類と藍藻類を除く、細胞核をもつ生物）登場	始原多細胞生物誕生	エディアカラ動物群（クラゲやミミズなどの原型）	三葉虫登場	バージェス動物群／ハルキゲニア、アノマロカリスなど	魚類登場	昆虫類登場	初期両生類誕生	爬虫類登場	単弓類（哺乳類型爬虫類）登場	恐竜誕生	初期哺乳類誕生	始祖鳥出現 鳥類登場	恐竜絶滅 動物繁栄
							大量絶滅	生命大増加			大量絶滅	大量絶滅	史上最大の大量絶滅	大量絶滅		大量絶滅	
地球環境	大気の形成	海の形成		氷河期	最古の大地	全球凍結				氷河期	氷河期						氷河期

※数値は、今から何年前にその時代が始まったかを示すものです。

中生代という時代

中生代は約2億5100万年前から約6600万年前まで続いた時代で、三畳紀、ジュラ紀、白亜紀という3つの時代から成り立っている。中生代の前の時代である古生代にはさまざまな生物が繁栄していたが、古生代の終わりに何らかの原因で地球の環境が激変し、90％以上が絶滅（史上最大の大量絶滅）。代わって繁栄をとげたのがワニやカメなどの爬虫類、そして恐竜だった。この恐竜たちの王国は、その後、2億年近く続くことになる。

三畳紀　2億5100万〜2億年前

地球上のほとんどの大陸がくっついてパンゲア大陸という巨大な大陸が誕生した。爬虫類が栄え、三畳紀の中頃には原始的な恐竜が誕生。翼竜や魚竜なども登場し、陸海空へと爬虫類が進出していった。

大きなできごと
パンゲア大陸が誕生した

爬虫類がさまざまな姿に進化。恐竜が誕生

ジュラ紀　2億〜1億4500万年前

パンゲア大陸が南北に分裂し、ローラシア大陸とゴンドワナ大陸が誕生した。三畳紀の終わりに何らかの異変があり70％以上の生物が絶滅したが、恐竜やワニの仲間は生き残って地上で繁栄し、大型化していく。また、鳥類の祖先も誕生した。

■ジュラ紀の代表的な恐竜

ブラキオサウルス
アロサウルス

大きな出来事
恐竜が繁栄し大型化していく

鳥類の祖先が誕生する

白亜紀　1億4500万〜6600万年前

大陸がさらに分裂していき、ユーラシア大陸とアフリカ、南北アメリカが誕生。ただ、各大陸の形状と位置は、現在とはまったく違っていた。恐竜はさらに繁栄してさまざまな種類が誕生したが、白亜紀の終わりに突然絶滅した。

■白亜紀の代表的な恐竜

ティラノサウルス
トリケラトプス

大きな出来事
恐竜を含む爬虫類が全盛期に

白亜紀の終わりに恐竜が絶滅

出場する恐竜たちが生きた時代

下の表は、本書のトーナメントに出場する恐竜たちが生きていた時代をまとめたもの。出場者に選ばれた恐竜たちは、それぞれの時代を代表する強豪ばかり。どの時代の代表選手が頂点まで勝ち抜くのか、トーナメントの展開に注目だ！

ディロフォサウルス
2億～1億8300万年前

イグアノドン
1億5000万～1億2600万年前

アロサウルス
1億5500万～1億4500万年前

ステゴサウルス
1億5500万～1億4500万年前

ケラトサウルス
1億6000万～1億4000万年前

ブラキオサウルス
1億5000万～1億4500万年前

2億年前　　　　　　　　　　　　1億4500万年前

ジュラ紀

スコミムス
1億1000万～1億年前

カルカロドントサウルス
1億～9300万年前

ギガノトサウルス
9800万～9600万年前

ケツァルコアトルス
7500万～6600万年前

パキケファロサウルス
7600万～6800万年前

デイノニクス
1億4400万～9900万年前

ペンタケラトプス
7500万～6800万年前

サウロペルタ
1億2500万～1億年前

トリケラトプス
7000万～6600万年前

ユウティラヌス
1億2500万年前

アンキロサウルス
6800万～6600万年前

サルコスクス
1億1000万年前

アンペロサウルス
1億～6600万年前

アルゼンチノサウルス
1億1000万～9300万年前

テリジノサウルス
7500万～7000万年前

ユタラプトル
1億2500万～1億2000万年前

ティラノサウルス
7000万～6600万年前

スピノサウルス
9700万年前

1億年前　　　　　　　　　　　　　　　　6600万年前

白亜紀

●本書は、恐竜を戦わせることが目的ではなく、戦いを通して恐竜の性質・特徴を知ること、純粋な強さを明らかにすることを目的とした本です。

●本書に掲載した恐竜の戦闘は、実際に戦わせたものの再現ではありません。また、戦いの結果も、必ずいつもそのような結果になるというものではなく、恐竜の個体の能力を考慮した上での、架空のシミュレーションです。恐竜の能力も、化石や最近の研究結果をもとにしていますが、今後の研究結果により変わる可能性があります。

●本来、"恐竜"とは竜盤目、鳥盤目のことをいいますが、本書では、翼竜や首長竜、爬虫類も同じ年代に生きた生物として、対戦内に入れております。

第1回戦-1
イグアノドン
指に牙をもつ草食竜

- 分類 ……………… 鳥盤目鳥脚亜目イグアノドン科
- 生息年 …………… 1億5000万～1億2600万年前
- 生息地域 ………… ユーラシア大陸、アフリカ、北アメリカ
- 体長 ……………… 7～10m
- 食性 ……………… 植物食

大きさの比較

鋭く尖った指がトレードマーク

前足の親指がスパイクのようになっているのが特徴。親指は木の葉を引き寄せるために発達したと考えられているが、敵に襲われたときには身を守る武器にもなっただろう。イグアノドンは、同じ時代に生きた肉食恐竜に狙われることも多かったが、体つきはたくましく体重は5トンにもなった。鋭いスパイクを振り回す巨竜は、肉食恐竜にとっても、危険な相手だったに違いない。

① 巨大な親指
親指の骨の長さは15センチ。鋭く尖ったその形から、発見当初は角だと思われていた。敵の体に刺されば、かなりの深手を負わせることができる。

② 太く長い尻尾
尻尾は歩くときに体のバランスをとったり、立ち上がるときの支えになった。背後から襲いかかる敵を打ちのめす武器にもなっただろう。

カルカロドントサウルス

サメの歯をもつ大物食らい

- 分類 ･･････････ 竜盤目獣脚亜目カルカロドントサウルス科
- 生息年 ･･････････ 1億〜9300万年前
- 生息地域 ･･････････ アフリカ
- 体長 ･･････････ 10〜14m
- 食性 ･･････････ 肉食

肉をえぐる恐るべき牙

フチにノコギリのようなギザギザがついた、肉を引き裂くことに適した牙をもつ肉食恐竜。おもな獲物は、自分よりも大きな草食恐竜たちで、この牙で相手の体に大きな傷をつけ、出血で弱らせて倒したと考えられている。運動能力も高く、時速30キロで走ることができたという。カルカロドントサウルスは獲物を確実に追い詰め、じわじわと弱らせてしとめる、冷酷なハンターだったのだ。

① 切れ味が鋭い牙

牙は幅広で薄く、サメの歯によく似た形をしていた。肉食恐竜の中でも特に切れ味が鋭い牙で、獲物の体をたやすく切り裂くことができた。

② 頑丈な前足

前足は長く頑丈なつくりで、3本の鋭いカギ爪をもつ。この爪を体に突き立てて獲物をしっかり捕まえて、牙で深い傷を負わせたのだ。

第1回戦-1

対戦ステージ　湿地

単純な戦闘能力では、強力な捕食者であるカルカロドントサウルスが圧倒的に有利。イグアノドンは、決死の奮闘でひと泡ふかせることができるか？

バトルシーン 1
敵のスキをついてイグアノドンが先制攻撃

カルカロドントサウルスにとって、イグアノドンはちょうどいい大きさの獲物。だが、健康なイグアノドンはおとなしく倒される相手ではない。ゆうゆうと近づく相手に、イグアノドンの丸太のような尻尾の一撃が直撃した！

強烈な一撃でカルカロドントサウルスがふらつく！

LOCK ON!!

筋肉質の尻尾
立ち上がるときに体を支える役目もはたした尻尾は、筋肉質で力強い。まともに当たれば相手もフラフラだ。

ぐいぐい押しまくるイグアノドン

鋭い親指
親指のスパイクは肉食恐竜の牙ほどの長さがある。深く刺さったときに与える痛みは相当なものだろう。

LOCK ON!!

バトルシーン 2
鋭いスパイクを繰り出すイグアノドン!

先手をとったイグアノドンは、相手の腹をめがけて頭突き。続いて親指のスパイクを突き刺す連続攻撃をくりだした。カルカロドントサウルスは、たまらずひるみ、苦しそうだ。

バトルシーン 3
ひと咬みで勝負がひっくり返る

意外な痛みに驚いたカルカロドントサウルスだが、傷そのものは浅い。すぐに立ち直ると目の前に差し出されたイグアノドンの首にかぶりつき、ズタズタに引き裂いてしまった。

カルカロドントサウルスの勝ち

第1回戦-2

スコミムス
古代アフリカの水辺のハンター

- **分類** ……… 竜盤目獣脚亜目スピノサウルス科
- **生息年** …… 1億1000万～1億年前
- **生息地域** … アフリカ
- **体長** ……… 11m
- **食性** ……… 肉食

大きさの比較

恐竜界きっての魚取りの名手

まるでワニのような細長い顔の肉食恐竜。アゴには獲物に突き刺さりやすいように細く尖った歯が、130本も生えていた。大型の肉食恐竜としてはかなり前足が大きく、長いアゴと前足を使っておもに魚類を捕らえて食べていたと考えられている。ほかの恐竜を積極的に襲うことはなかったようだが、縄張りに近づく侵入者は容赦なく牙と爪で引き裂いてしまっただろう。

❶ 捕らえた獲物を逃がさないアゴ

鋭い歯は口の奥に向かって傾いて生えており、くわえた獲物を逃がしにくい。無理に振りほどこうとすれば、深い傷を負うことになる。

❷ 長く力強い前足

大きな前足には3本のカギ爪をもつ。魚を捕るために使われたようだが、ほかの恐竜やワニなどの皮膚をたやすく切り裂くこともできたはずだ。

ディロフォサウルス

派手な顔の中量級ファイター

- 分類 ……………… 竜盤目獣脚亜目ディロフォサウルス科
- 生息年 …………… 2億～1億8300万年前
- 生息地域 ………… アジア(中国)、北アメリカ
- 体長 ……………… 5～7m
- 食性 ……………… 肉食

すばしこい狩りの名人

頭部に大きなトサカをもつ中型の肉食恐竜。体つきはスマートで後足が長く、俊敏に動くことができたようだ。口の中には小さく鋭い歯がたくさん並んでおり、魚類やトカゲなどの小動物を食べていたと考えられている。大きな獲物を襲うことはほとんどなかったと思われるが、前足が長く大きなカギ爪をもっており、戦いになればスピードのある軽快な戦士として暴れ回っただろう。

① トサカの利用法

頭のトサカには空気をためる袋があり、膨らませることができたという。いきなり大きく膨らませて、敵を脅かすために使われたのかも。

② 大きなカギ爪のある前足

前足の3本の指は長く、指先には大きく曲がったカギ爪があった。この前足を器用に動かし、獲物となる小動物を捕まえていたようだ。

第1回戦-2

対戦ステージ 草原／水辺

体格ではスコミムスが大きく優勢だが、スピードではディロフォサウルスが上。総合的な戦闘能力は近く、好勝負が期待できそうだ。

バトルシーン 1
ディロフォサウルスがスピードで翻弄

スコミムスはすばしこく動き回るディロフォサウルスを警戒し、大きく口を開けて威嚇。ディロフォサウルスは相手の横に回り込み、後足を狙って何度も咬みつきかかった。しつこい攻撃に、スコミムスはかなりイライラした様子だ。

ディロフォサウルスの華麗な連続攻撃！

LOCK ON!!

身軽な体
ディロフォサウルスは足が長く、体重も軽かったので敏捷に動くことができた。捕まえるのは簡単ではない。

スコミムスが相手を捕らえる!

脱出不能のアゴ
スコミムスのアゴには口の奥に向けて傾いた鋭い歯が並ぶ。くわえた獲物は、決して逃すことはない。

>>> LOCK ON!! <<<

バトルシーン 2
一瞬のスキにスコミムスが反撃

一方的な攻撃が成功したことで、ディロフォサウルスは油断してしまったのか？ 動きが単調になったところにスコミムスがすかさず咬みつきかかり、首をがっちりとくわえた。

バトルシーン 3
得意の水中戦でカタをつける!

パワーで上回るスコミムスは、ディロフォサウルスを水の中へと引きずり込む。必死でもがくディロフォサウルスだが、首をくわえられていては反撃もできず、敗北は決定的だ。

スコミムスの勝ち

第1回戦-3

狡猾な小ハンター
デイノニクス

- 分類 ……… 竜盤目獣脚亜目ドロマエオサウルス科
- 生息年 ……… 1億4400万〜9900万年前
- 生息地域 ……… 北アメリカ
- 体長 ……… 2.5〜4m
- 食性 ……… 肉食

大きさの比較

巨大なカギ爪で大物を狩る

ほっそりした体格で、長い手足をもつ小型の肉食恐竜。名前は「恐ろしい爪」という意味で、その名が示すとおり手足には長いカギ爪をもつ。特に後足の2本目の指のカギ爪は大きく、ふだんは地面につかないように上に向けておき、狩りのときは下に向けて獲物の体に突き刺したという。群れを作って生活し、オオカミのように協力して大きな獲物を倒す、狩りの名手だったといわれている。

❶ 後足の恐ろしい爪

名前の由来にもなった後足の爪は、長さ15センチもあった。先は鋭く尖り、獲物の体に深々と突き刺して重い傷を負わせることができた。

❷ 高い知能でチーム行動

体の大きさに対して脳が大きく、知能はかなり高かったと考えられている。群れの仲間と協力して、効率よく獲物を狩っていたのだろう。

S ケツァルコアトルス

史上最大級の空の大王

- 分類 …………… 翼竜目アズダルコ科
- 生息年 ………… 7500万～6600万年前
- 生息地域 ……… 北アメリカ
- 体長 …………… 翼長11m
- 食性 …………… 肉食

太古の空を征服した巨大翼竜

空を飛ぶ動物としては史上最大級の体格を誇る翼竜の仲間で、地上に降りて立ち上がったときの高さはキリンなみだった。巨大な翼で上昇気流をつかみ、グライダー（滑空機）のように空を飛んで魚類や小動物などの獲物を探したと考えられている。高速で滑空するケツァルコアトルスに狙われたら、逃げ切るのはまず不可能。獲物たちにとっては、確実な死を運ぶ恐怖の存在だったろう。

① 獲物を捕らえる長いクチバシ

1メートル以上もある長いクチバシをもち、飛びながら魚をすくい取ったり、地上を歩きながら獲物をついばんだといわれる。

② 軽量化された体

骨の内部には空洞が多く、体の大きさのわりに体重は軽かった。一説には、人間の大人と同じくらいの70キロ程度だったともいわれている。

第1回戦-3

対戦ステージ　岩場

体はケツァルコアトルスが圧倒的に大きい。だが、徒党を組んだデイノニクスは油断ならない一流ハンターとなる。相手を狩るのはどっちだ？

バトルシーン1
ケツァルコアトルスが空から強襲

上空を舞うケツァルコアトルスが、3体のデイノニクスを発見。そのうちの1体に狙いを定め、急降下して襲いかかった。デイノニクスたちは急襲に驚いたが、もち前の敏捷さを発揮してそれぞれが別の方向へと逃げ散った。

空から圧倒するケツァルコアトルス

LOCK ON!!

長大なクチバシ
ケツァルコアトルスのクチバシは、デイノニクスの胴体より長い。大きく口を開ければ、ひと呑みにできる。

バトルシーン 2
デイノニクスが包囲網を形成

ケツァルコアトルスは地上に舞い降り、長いクチバシで相手を突き刺そうとする。だが、1体に夢中になっているうちにほかのデイノニクスたちが戻り、囲まれてしまう。

罠にはまったケツァルコアトルス

仲間との連携
1体が相手の気を引き、仲間の攻撃チャンスを作り出す。巨大な相手と戦うときの、必勝の連係プレイだ。

バトルシーン 3
デイノニクスの一斉攻撃が炸裂！

相手を3方向から囲んだデイノニクスが、いよいよ反撃開始。1体が首にかじりつき、別の1体が翼を引き裂いた。正面に立つ1体は、とどめのチャンスをうかがっている……。

デイノニクスの勝ち

第1回戦-4

史上最強の石頭恐竜
パキケファロサウルス

- 分類 ……………… 鳥盤目周飾頭亜目パキケファロサウルス科
- 生息年 …………… 7600万～6800万年前
- 生息地域 ………… 北アメリカ
- 体長 ……………… 4～7m
- 食性 ……………… 植物食

大きさの比較

強固な頭を武器に戦い抜く

工事用のヘルメットのような頑丈な頭をもつ恐竜で、堅頭竜類の仲間では最大級の体格。頑丈な頭をぶつけあって群れの仲間と力比べをしたり、堅いシロアリの塚を打ち壊していたといわれる。助走をつけた頭突きがまともに当たれば、大型の肉食恐竜といえども大ダメージ。当たり所によっては骨折もありえる。攻撃手段は単純だが、決してあなどれない爆発力を秘めた強豪だ。

1 驚異の厚さを誇る石頭

盛り上がった頭骨の厚さは最大で30センチにもなり、とても頑丈だった。武器になるだけでなく、メスへのアピールにも役立ったといわれる。

2 機動力も自慢の武器

体は太いが、足はスマートで長い。走る速度はかなり速かったと考えられており、逃げに徹したら捕まえるのは難しかっただろう。

ペンタケラトプス

多くの角で武装した重戦車

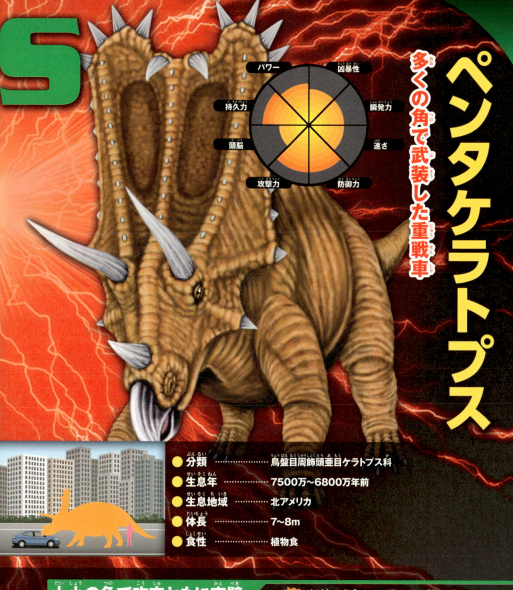

- **分類** ……………… 鳥盤目周飾頭亜目ケラトプス科
- **生息年** …………… 7500万〜6800万年前
- **生息地域** ………… 北アメリカ
- **体長** ……………… 7〜8m
- **食性** ……………… 植物食

大小の角で攻守ともに完璧

非常に大きな頭をもつ角竜の仲間。名前は「5本角の顔」という意味で、鼻の上に1本、目の上に2本、顔の左右に2本の角をもつ。また、頭の後ろのフリルにも多くの角があった。これらの角は肉食恐竜から身を守るために発達したもの。目の上の長い角は敵を貫く武器になり、顔の横やフリルの角は首を守る防具になった。攻守ともに高い能力をもつ、実力派の恐竜である。

① 主要な武器として使われた長い角

たくさんある角の中で最も長いのが、目の上の2本の角。大型の肉食恐竜との戦いでは、この角で相手の腹を突き、追い払ったのだろう。

② 頭の後ろのフリル

頭の後ろのフリルは角竜の仲間でも特に大きく、首の守りは堅い。肉食恐竜に対する威嚇の効果もかなり大きかったはずだ。

031

第1回戦-4

対戦ステージ　草原

恐竜界随一の石頭を誇るパキケファロサウルスと長大な角が自慢のペンタケラトプス。頭を武器にした戦いが得意な者同士の、頭突き合戦だ。

まずはお互いの力をはかるつもりなのか、両者は頭をつけて押し合いを始めた。頭の堅さではまったく見劣りしないが、体格ではパキケファロサウルスが劣る。力比べは次第にペンタケラトプスが押し気味になっていった。

バトルシーン1
静かな力比べで戦闘開始

頭を合わせた力比べが続く

LOCK ON!!

最強の石頭
厚さ30センチの頭骨はもはや凶器。大小のトゲも生えており、押しつけるだけでも立派な武器になる。

バトルシーン 2
パキケファロサウルスが全力の突進を開始

押し合いでは分が悪いと悟ったパキケファロサウルスは、いったん下がる。そして最大の武器である頭突きで勝負をかけようと、助走をつけてペンタケラトプスに向けて突進した。

渾身の突撃！

破壊力を支える姿勢
突進時は、頭と腰、尻尾が一直線になる姿勢をとる。こうすることで全身がひとつの巨大ハンマーとなるのだ。

バトルシーン 3
突き上げで突進を撃破

頭を下げて相手を迎え撃ったペンタケラトプスは、激突の瞬間頭を跳ね上げた。強烈なアッパーカットを食らったパキケファロサウルスは、首を痛めて倒れてしまった。

ペンタケラトプスの勝ち

コラム1

なぜ恐竜は大きくなったのか

現代の陸上で生活する動物の中で、最も大きいのはアフリカゾウ。だが、恐竜たちの中には、アフリカゾウの何倍も大きな体をもつものが何種類もいた。なぜ、恐竜たちはこれほどまでに大きくなれたのか？ その理由を探っていこう。

理由❶ 骨格と呼吸器系のヒミツ

動物が生きていくためには、息を吸って空気を肺に入れ、血液の中に酸素を取り入れる「呼吸」が必要だ。恐竜たちの中でも特に大きくなる種類は「気のう」という空気をためておく袋をもっていた。大きな体を支えるにはたくさんの酸素が必要になるが、大型の恐竜たちはこの気のうのおかげで効率よく酸素を取り込むことができ、さらに大きくなったという。なお、現代の鳥類も、同じような気のうをもっている。

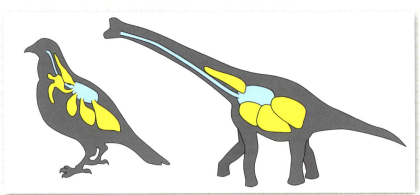

▲青い袋のような器官が気のう。鳥類も恐竜と同じ気のうをもっていて、呼吸の効率が優れている。

理由❷ 成長のスピードと限界

大型の恐竜の子どもでも、生まれたばかりのときは体長50センチ以下の小さな体だった。だが、恐竜は成長速度がとてつもなく速かった。ティラノサウルスの例では、もっともよく成長した時期には1年間でなんと700キロも体重が増えたという。また、恐竜は高齢になっても成長が止まらず、少しずつ大きくなり続けたといわれる。

1年間で +700kg

理由❸ たくさんの食べ物

恐竜たちが生きていた時代は空気中の二酸化炭素が多く、なんと現代の6倍もあったという。植物は太陽の光をあびて二酸化炭素を吸って酸素を出す「光合成」を行って生長する。今より二酸化炭素が多かった恐竜時代の地上は、たくさんの植物で満ちあふれていた。植物食の恐竜たちはこの豊富なエサを食べて大きく育ち、それを獲物にする肉食恐竜もより大きくなっていったと考えられている。体が大きいほうが敵に襲われにくく、強い獲物を倒しやすい。生きのびるのに有利だからこそ、恐竜は巨大化したともいえる。

もし、現代日本に恐竜が現れたら？

下は、現代の渋谷に恐竜が現れたときを想定した想像図。ティラノサウルスの体長は13メートルほど。交差点は大混乱だろう。立って歩いているときの高さは5メートルほどで、ちょうど建物の2階の高さくらいになる。頭を上げれば2階の窓から楽に中をのぞき込むことができる。恐竜を見物するのなら、3階建て以上の建物からがオススメ！

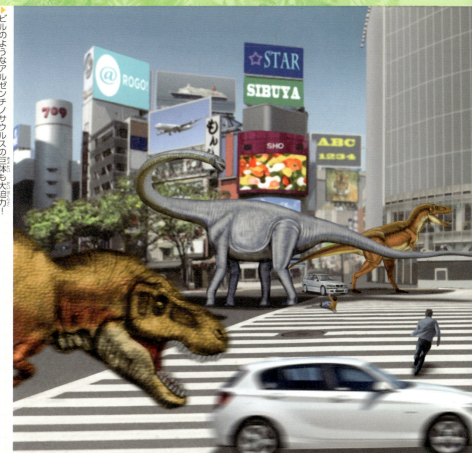

▶ビルのようなアルゼンチノサウルスの巨体も大迫力！

第1回戦-5

アロサウルス

すべてを食らうジュラ紀の王者

● 分類	竜盤目獣脚亜目アロサウルス科
● 生息年	1億5500万〜1億4500万年前
● 生息地域	北アメリカ
● 体長	7〜12m
● 食性	肉食

大きさの比較

闘志あふれる獰猛な肉食竜

ジュラ紀を代表する大型の肉食恐竜。体形はスマートで足が速く、群れを作って狩りをした。最大の武器は、アゴに並ぶ鋭い牙。口を大きく開き、頭をナタのように振り回して、獲物の体を切り裂いて倒したと考えられている。同時代に生きたさまざまな恐竜の化石から、アロサウルスにつけられたと思われる傷跡が見つかっており、あらゆる相手を獲物にする貪欲な猛者だったようだ。

① 獲物の体を引き裂く牙
牙の長さは最大で10センチほど。狩りのときには口を大きく開いてアゴを相手に叩きつけ、皮膚を切り裂いて肉をそぎ取ったといわれる。

② 獲物を追い詰める快速ランナー
胴体が細いため体重は軽く、強靭な足をもっていたので、走るスピードは時速50キロにもなったという。また、水泳も上手だった。

S

トリケラトプス

3本角の暴れん坊

- パワー
- 凶暴性
- 瞬発力
- 速さ
- 防御力
- 攻撃力
- 頭脳
- 持久力

● **分類** …………… 鳥盤目周飾頭亜目ケラトプス科
● **生息年** ………… 7000万～6600万年前
● **生息地域** ……… 北アメリカ
● **体長** …………… 8～9m
● **食性** …………… 植物食

肉食恐竜も恐れさせる勇猛な戦士

最も大きな角竜の仲間で、鼻の上に1本の短い角、目の上に2本の長い角をもつ。頭部の化石には傷跡が残るものが多く、バイソン（野牛）やサイのように日常的に仲間同士で角を突き合わせて力比べをする、荒っぽい恐竜だったようだ。また、肉食恐竜に襲われたときにも、角は強力な武器になった。恐れを知らないトリケラトプスは、獲物にするには危険すぎる相手だったはずだ。

① 敵を貫く長い角

目の上の角は最長で1.8メートルにもなった。大型の肉食恐竜の腹を突き刺せる高さにあり、戦いではかなりのダメージを与えただろう。

② 固く頑丈なクチバシ

口先はオウムのように曲がったクチバシになっており、咬む力も強かったといわれる。乱戦中に敵の肉を咬みちぎることもあったかもしれない。

037

第1回戦-5

対戦ステージ　草原

凶暴な肉食恐竜アロサウルスが、最大の角竜トリケラトプスを狙う。ジュラ紀にはいなかった大型の角竜に対して、アロサウルスはどう戦うのか？

バトルシーン 1

アロサウルスが攻撃チャンスを探す

闘争心をおさえて慎重になるアロサウルス

アロサウルスにとってトリケラトプスは初めて見る形の恐竜だが、3本の角は見るからに危険。少し離れて慎重に様子をうかがい、角を避けて背後から襲いかかるチャンスを狙う。しかし、トリケラトプスもスキを見せない。

LOCK ON!!

3本の角
1メートルもある角は、単にちらつかせるだけでも相手に攻撃を思いとどまらせる威圧感を放つ。

LOCK ON!!

バトルシーン 2
じれたアロサウルスが接近戦に

アロサウルスは相手の背後をとることをあきらめ、角を警戒しながら接近。トリケラトプスが振りかぶった角をギリギリでかわし、相手の横から顔にかじりついた。

大きいが敏捷な肉体

アロサウルスはスマートな体で、走る速度はかなりのもの。相手のスキをついて飛びかかるのはお手の物だ。

アロサウルスの牙が相手の顔を裂く！

バトルシーン 3
必殺の一撃がアロサウルスを貫く

トリケラトプスの頭は頑丈で、出血のわりにダメージはなかった。トリケラトプスは頭をひとふりして相手をはじき飛ばすと、よろめいたアロサウルスの腹に角を突き刺した。

トリケラトプスの勝ち

ギガノトサウルス

第1回戦-6
南米に君臨した暴食王

大きさの比較

- 分類 ……………… 竜盤目獣脚亜目カルカロドントサウルス科
- 生息年 …………… 9800万〜9600万年前
- 生息地域 ………… 南アメリカ
- 体長 ……………… 12〜14m
- 食性 ……………… 肉食

巨竜を狙う最強の捕食者

南アメリカで発見された肉食恐竜では最大級の体格を誇る。何体かの化石がまとまって見つかっていることから、群れで生活していた可能性が高い。巨体だがスピードもあり、時速40キロ程度で走ることができたという。おもな獲物は超大型の竜脚類で、集団で襲いかかって鋭い牙で肉を咬みちぎったと考えられている。南米ではまさに敵なしの存在で、絶対王者の地位にあったようだ。

❶ 研ぎすまされた薄い牙

同サイズの肉食恐竜に比べると牙はやや短く、ナイフのように薄かった。咬み砕くのではなく、肉を裂くために発達した形と考えられている。

❷ 獲物を逃がさない優れた嗅覚

脳のにおいを感じ取る部分がよく発達していた。においを頼りに遠くからでも獲物を探し出して追跡できる、優秀なハンターだったようだ。

S

サウロペルタ
敵を寄せつけない重装甲

パワー／凶暴性／瞬発力／速さ／防御力／攻撃力／頭脳／持久力

- 分類　　　鳥盤目装盾亜目ノドサウルス科
- 生息年　　1億2500万〜1億年前
- 生息地域　北アメリカ
- 体長　　　5〜6m
- 食性　　　植物食

頑丈な鎧と角で万全の防御力

骨の板でできた装甲を体にまとった恐竜。急所である首も数本の角で守られており、ちょっとやそっとの攻撃などものともしない防御力を誇っていた。それでも攻撃をあきらめない相手に対しては、肩の大きな角をつきつけて威嚇し、追い払ったのだろう。「トカゲの盾」という意味の名前が示すとおり、大型の肉食恐竜でもなかなか攻略法を見つけられない、小さな要塞のような恐竜。

① 敵を制する巨大な角
肩から伸びる角はひときわ大きく、体に刺されば致命傷になる可能性も高い。威圧感は抜群で、ちらつかせるだけでも効果があったと考えられる。

② 上からの攻撃を防ぐ装甲板
背中側は骨の板でおおわれており、肉食恐竜の爪や牙を弾き返した。肩の角を避けて背後に回っても、つけいるスキはなかっただろう。

バトルシーン 2
じれたギガノトサウルスが強攻!!

ギガノトサウルスは突然近寄り、無造作にサウロペルタの肩に咬みついた。鎧に守られた体に咬みついてもダメージは与えにくいが、このまま力押しで攻めきるつもりなのだろうか?

牙の性質
ギガノトサウルスの牙は肉を裂くことに適しており、固いものを砕くのは苦手。鎧の上からでは効果は半減だ。

≪ LOCK ON!! ≫

バトルシーン 3
力任せに難敵を攻略

ギガノトサウルスはサウロペルタをくわえたまま引きずり回し、ついにひっくり返してしまった。柔らかい腹をむき出しにされたサウロペルタに、身を守る方法はもうない。

ギガノトサウルスの勝ち

第1回戦-7
華麗なる殺戮者
ユウティラヌス

- 分類 …………… 竜盤目獣脚亜目ティラノサウルス上科
- 生息年 ………… 1億2500万年前
- 生息地域 ……… アジア(中国)
- 体長 …………… 9m
- 食性 …………… 肉食

大きさの比較

羽毛で着飾った暴竜

　ティラノサウルスに近い仲間で、より古い時代に生きていた肉食恐竜。化石から羽毛をもっていたあとが見つかっており、全身が鳥のように羽毛でおおわれていたと考えられている。名前の意味は「羽の暴君」。大きく頑丈なアゴと牙、力強い前足とカギ爪をもつユウティラヌスは、同時代では最も強力な捕食者であり、荒ぶる覇王として自然界に君臨していたのだろう。

① 高い体温で優れた運動能力を発揮
羽毛は体温を保つために役立っていたと考えられている。このおかげで寒くなっても動きが鈍らず、ふだんどおりに動くことができた可能性が高い。

② たくましい前足
ティラノサウルスの仲間は前足が小さいが、ユウティラヌスの前足は長くカギ爪も立派。獲物をしっかり捕まえ、引き裂くのに役立っただろう。

アンキロサウルス

骨鎧を背負ったハンマー使い

- 分類 ……………… 鳥盤目装盾亜目アンキロサウルス科
- 生息年 …………… 6800万～6600万年前
- 生息地域 ………… 北アメリカ
- 体長 ……………… 6～10m
- 食性 ……………… 植物食

鉄壁の防御からカウンター

　首から尻尾にかけて、背中側の広い範囲が骨の板でおおわれている恐竜で、この仲間では最も大きい。頭骨も頑丈なつくりになっており、防御力にかけては恐竜の中でもトップクラスだった。尻尾の先には大きな骨のコブがあり、肉食恐竜に対する武器になったと考えられている。固い鎧で攻撃を防ぎ、骨のコブで反撃するという戦闘スタイルは、安定感抜群でスキがない！

① 強力な骨ハンマー
尻尾の先にはふたつの骨のかたまりがあり、巨大なハンマーになっていた。直撃すれば、肉食恐竜のアゴや足の骨を砕くこともできるだろう。

② 意外に軽い装甲板
背中をおおう骨の板は、中が空洞になっていた。このため体重は意外に軽く、素早く動き回ることができたと考えられている。

第1回戦-7

対戦ステージ　森林

最大の鎧竜・アンキロサウルスの防御力は、恐竜の中でもトップクラス。肉食恐竜の実力者・ユウティラヌスはこの守りをどう攻略する？

バトルシーン 1
にらみ合いながら相手を観察

ひと目で頑丈さがわかるアンキロサウルスの装甲を見て、ユウティラヌスは慎重に相手の様子をうかがい始めた。対するアンキロサウルスは、尻尾のハンマーを振りかざして相手をにらみつける。先に動くのはどちらの戦士か。

初めて見る相手をお互いに警戒

LOCK ON!!

骨のハンマー
尻尾の先の大きな骨のコブが、アンキロサウルス最大の武器。相手の骨をも砕く、一撃必殺のハンマーだ。

バトルシーン 2
首への攻撃で勝利を狙う

先に攻めかかったのはユウティラヌス。アンキロサウルスの横から走り寄ると、背中に後足のカギ爪を突き立てて体を固定。続いて首を狙って咬みつこうとする。

LOCK ON!!

力の強いアゴ
鎧の上から咬んでも効果は低いが、圧迫して窒息させたり首をひねって骨折させれば、相手を倒すことは可能だ。

バトルシーン 3
ハンマーの一撃で相手を粉砕

ユウティラヌスの狙いは悪くなかったが、体重が足りなかった。アンキロサウルスは体をゆすり、相手を払いのけると尻尾で一撃。足をへし折り、戦闘不能に追い込んだ。

アンキロサウルスの勝ち

第1回戦-8 アンペロサウルス

鎧を着た竜脚形類

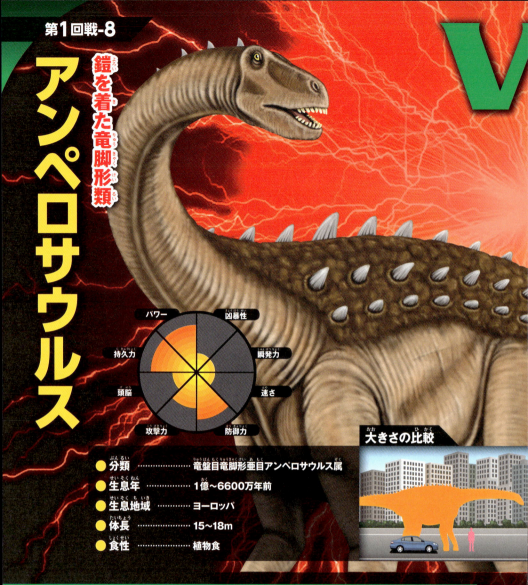

- **分類** ……… 竜盤目竜脚形亜目アンペロサウルス属
- **生息年** ……… 1億〜6600万年前
- **生息地域** ……… ヨーロッパ
- **体長** ……… 15〜18m
- **食性** ……… 植物食

無数のトゲと骨板で身を守る

竜脚形類の仲間は、巨大な体そのものが最大の武器だが、アンペロサウルスは同種のなかではそれほど大きいほうではない。大きな体の代わりにアンペロサウルスが選んだのは、頑丈な鎧で身を守るという方法で、背中側は骨の装甲板と数多くのトゲでおおわれている。この鎧で攻撃を防ぎつつ、長い尻尾を叩きつけたりたくましい足で踏みつけたりして肉食恐竜と戦ったのだろう。

① 防御力とタフさで持久戦
トゲと骨板で守られた背中は、肉食恐竜の爪や牙でも簡単には傷つかない。相手が攻め疲れてきたときが反撃のチャンスになる。

② うなりをあげる長いムチ
体長の3分の1以上もある長い尻尾は、ムチのように柔軟でパワフル。力いっぱい叩きつければ、肉食恐竜を打ち倒すこともたやすい。

S

サルコスクス
太古の超巨大ワニ

- 分類 ……………… ワニ目フォリドサウルス科
- 生息年 …………… 1億1000万年前
- 生息地域 ………… アフリカ
- 体長 ……………… 10～12m
- 食性 ……………… 肉食

恐竜すら食らう大食漢

史上最大級のワニの仲間。頭の大きさだけでも1.6メートルもあり、小型恐竜ならひと呑みにできる大ワニだった。口の先が細く水の中で動かしやすい形になっていることから、おもな獲物は魚類と考えられているが、水辺に近づいた恐竜を襲うこともあったはず。大型の肉食恐竜でも、奇襲をされて水中に引きずり込まれてしまったら、サルコスクスの餌食にされてしまっただろう。

1 100を超える歯で獲物をキャッチ

長いアゴには100本以上の歯が並んでいた。現代のワニと同じように咬む力も強かったと考えられており、咬まれたら逃げようがなかっただろう。

2 ゾウなみの巨体が秘めたパワー

胴体が太く、体重は8トンほどと推測されている。これはアフリカゾウに匹敵する重さで、大きな獲物も簡単に水中に引きずり込めただろう。

049

第1回戦-8

対戦ステージ　水辺

鎧で武装したアンペロサウルスと、巨大ワニ・サルコスクスの対決。両者ともにかなりのパワー自慢なので、迫力あるぶつかり合いになるだろう。

バトルシーン 1
無警戒の相手をアンペロサウルスが一撃

サルコスクスは水中に身を沈めて待ちかまえていたが、突然強い衝撃で背中を打たれた。アンペロサウルスの長い尻尾がうなりをあげ、すさまじい力でサルコスクスを叩いたのだ。あまりの衝撃にサルコスクスの動きが止まった。

尻尾で相手を叩き潰すアンペロサウルス

LOCK ON!!

打撃力抜群の尻尾
太い尻尾は重量があり、ムチのように叩きつければ破壊力は抜群。小型恐竜なら叩き潰されてしまうだろう。

LOCK ON!!

バトルシーン 2
アンペロサウルスが必勝パターンにもち込む

ぐったりしたサルコスクスを見てアンペロサウルスは向きを変え、後足で立ち上がった。全体重をかけてサルコスクスを踏みつけ、一気に勝負をつけるつもりだ。

絶体絶命のサルコスクス！

前足の鋭い武器
アンペロサウルスの前足の内側には大きな爪がある。ただでさえ強烈な踏みつけの破壊力をさらに増す、隠し武器だ。

バトルシーン 3
敗北寸前からサルコスクスが逆転勝ち

ショック状態だったサルコスクスは、ようやく意識を取り戻し、危ないところで体をねじって踏みつけを回避。逆にアンペロサウルスの前足に咬みつき、体をねじってへし折った。

サルコスクスの勝ち

051

エキシビション-1

ダンクルオステウス vs リードシクティス

恐竜たちが生まれる前の時代、海中の絶対王者として君臨したダンクルオステウス。だが、より新しい時代の巨大魚リードシクティスは、体格でも泳ぎのうまさでもダンクルオステウスをはるかに上回っていた。ダンクルオステウスは強力なアゴで何度も咬みかかるが、リードシクティスを捕えることはできず、逆に尾びれで柔らかい胴体を打ちのめされて力尽きてしまった。

史上最大級の巨大魚
リードシクティス

- 分類……………バキコルムス目バキコルムス科
- 生息年…………1億6500万～1億5500万年前
- 生息地域………ヨーロッパ
- 体長……………14～17m

クジラなみの巨体とパワー

体の一部の化石しか見つかっていないので正確な大きさは不明だが、推定では16メートル前後。最大28メートルと推定する研究者もいる。小さな生物を吸い込んで食べるおとなしい魚だったと考えられているが、巨体がもつパワーは本物。暴れ出したら誰にも止められない！

新旧の巨大魚が海の覇権をかけて激突！

最強のアゴをもつ貪欲な肉食魚

頭から胸にかけて骨の装甲板でおおわれた、板皮類というグループの魚類。同種では最大級の体格で、ほかの動物を襲う肉食魚だったと考えられている。咬む力は魚類史上最強クラスといわれており、ウミサソリのような硬い体の獲物も簡単に咬み砕いてしまっただろう。

太古の海の暴君

ダンクルオステウス

- 分類 ……… 節頸目ディニクティス科
- 生息年 ……… 3億6000万年前
- 生息地域 ……… アフリカ、北アメリカ
- 体長 ……… 5〜9m

リードシクティスの勝ち！

コラム2

恐竜の種類

これまでに見つかっている恐竜は800種類以上。さらに毎年のように新種が発見されていて、今もその数はどんどん増え続けている。いったいどんな恐竜たちがいたのだろうか？　恐竜たちの種類について学んでいこう。

腰の骨の形で分類

恐竜を分類するにあたって、最初に見るべき点は腰だ。すべての恐竜は、骨盤（腰の骨）の形によって大きく2種類のグループに分類されている。恐竜の骨盤は腸骨、坐骨、恥骨という3つの骨が組み合わさってできているのだが、このうち恥骨が前方（頭の方向）を向いている恐竜を「竜盤目」、後方（尻尾の方向）を向いている恐竜を「鳥盤目」と呼んでいる。なお、それぞれ竜盤類、鳥盤類と呼ばれることもあるが、同じグループを示している。

竜盤目

恥骨が前を向いている恐竜で、肉食恐竜と一部の植物食恐竜がこのグループに含まれる。現代の動物ではトカゲなどの爬虫類がよく似た形の骨盤をもつ。

例：ティラノサウルス

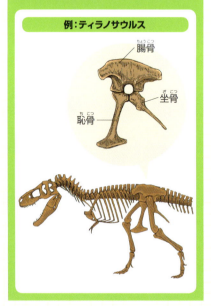

鳥盤目

恥骨が後ろを向いている恐竜。さまざまな大きさ、姿の植物食恐竜がこのグループに含まれている。現代の動物では、鳥類がよく似た形の骨盤をもっている。

例：イグアノドン

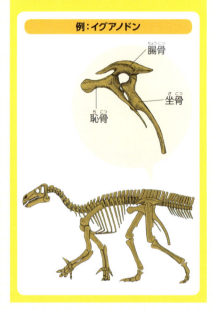

さらに細かい分類

骨盤の形によってふたつにわけられた恐竜のグループは、骨格や体つきの特徴によってさらに5つのグループにわけることができる。竜盤目に含まれるのは、獣脚類と竜脚形類の2グループ。鳥盤目に含まれるのは装盾類と周飾頭類、鳥脚類の3グループだ。

それぞれのグループに属する恐竜にはどんな特徴があったのか、代表的な種類の名前を紹介しながら説明していこう。

竜盤目	獣脚類
	竜脚形類
鳥盤目	装盾類
	周飾頭類
	鳥脚類

獣脚類

これまでに発見されたすべての肉食恐竜が含まれるグループ。ただし、種類は少ないが、植物食の獣脚類もいた。基本的に後足で立ち上がって二足歩行する特徴があるが、スピノサウルスのように通常は四足歩行していた可能性が高いものもいる。

代表的な恐竜
ティラノサウルス、デイノニクス、スピノサウルス

例：ティラノサウルス

竜脚形類

ほとんどがとても大きな体に成長し、首や尻尾が長い。「かみなり竜」と呼ばれることもある。体が大きく重いため、ほとんどの種類が四足歩行だったが、古い時代の竜脚形類の中には後足で立ち上がって二足歩行できるものもいた。

代表的な恐竜
ブラキオサウルス、アンペロサウルス、アルゼンチノサウルス

例：ブラキオサウルス

コラム2

装盾類

たくさんのトゲや骨の鎧などで身を守っている「剣竜」や「鎧竜」と呼ばれる恐竜たちのグループ。尻尾の先に長いトゲや骨のコブなどをもつ種類も多く、肉食恐竜を追い払う武器に使っていたと考えられている。基本的に四足歩行する。

代表的な恐竜
ステゴサウルス、サウロペルタ、アンキロサウルス

例：ステゴサウルス

周飾頭類

頭に長い角をもつ「角竜」と、頭の骨が分厚くトゲなどで飾られている「堅頭竜」と呼ばれる恐竜のグループ。角竜の仲間はほとんどが四足歩行、堅頭竜の仲間はほとんどが二足歩行していた。なお、古い時代の角竜の仲間には角がない種類もいた。

代表的な恐竜
トリケラトプス、ペンタケラトプス、パキケファロサウルス

例：トリケラトプス

鳥脚類

トサカや背びれなどをもつ種類もいたが、全体的にはあまり目立った特徴をもたない恐竜たちのグループ。ほとんどの種類が、二足歩行と四足歩行を使い分けることができた。植物食恐竜の中では、最も広い範囲で繁栄していた。

代表的な恐竜
イグアノドン

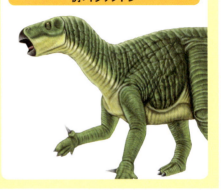
例：イグアノドン

第2回戦-1
テリジノサウルス
命を刈り取る巨大カマ

大きさの比較

- 分類 ……… 竜盤目獣脚亜目テリジノサウルス科
- 生息年 ……… 7500万～7000万年前
- 生息地域 ……… アジア（モンゴル）
- 体長 ……… 8～11m
- 食性 ……… 植物食

攻撃力抜群の長大なカギ爪

名前の意味は「刈り取るトカゲ」。由来になったのは、前足についたカマのような3本のカギ爪。爪の使い方については、「アリ塚を壊してアリを食べるために使った」「木の葉を引き寄せて食べるために発達した」などいくつかの説があるが、ほかの恐竜と戦うことがあれば強力な武器にもなっただろう。引っかいただけでも深い傷をつけ、突き刺せば致命傷を負わせたに違いない。

① 史上最長の爪のもち主
前足のカギ爪の長さは70センチ以上。これほど長い爪をもつ動物はほかに見当たらない。振り回されたら危なくて近寄ることすらできないだろう。

② よく動く長い腕
腕を動かせる範囲が広く、鳥が羽ばたくように大きく広げることもできた。たとえ横に回り込んでも、カギ爪から逃れることは不可能だ。

カルカロドントサウルス

サメの歯をもつ大物食らい

- パワー
- 凶暴性
- 持久力
- 瞬発力
- 頭脳
- 速さ
- 攻撃力
- 防御力

- **分類** ……………… 竜盤目獣脚亜目カルカロドントサウルス科
- **生息年** …………… 1億～9300万年前
- **生息地域** ………… アフリカ
- **体長** ……………… 10～14m
- **食性** ……………… 肉食

前回の戦い vs イグアノドン

P.020

イグアノドンの尻尾にはたかれ、親指で突き刺されるなど、戦いの序盤は相手の攻勢に押され気味だったカルカロドントサウルスだったが、接近戦はむしろ好むところ。無防備にさらされたイグアノドンの首に咬みついて肉を切り裂き、たったの一撃で勝負を決めてしまった。

第2回戦-1

対戦ステージ　森林

バトルシーン 1
両者の武器が同時に相手をとらえる

サーベルのようなカギ爪と切れ味鋭いサメの牙。強力な武器をもつ両雄が戦えば、凄惨なバトルになるのは必至。最後に立っているのはどちらだ!?

両者ともに相手の出方を見ることはなく、いきなり全力で激突。激しく体をぶつけあったあと、カルカロドントサウルスがテリジノサウルスの肩に咬みつく。だが、テリジノサウルスもカギ爪を相手の体に食い込ませて反撃した。

ノーガードで傷つけ合う両者

長大なカギ爪
肉食恐竜のカギ爪を超える、長い爪。テリジノサウルスのパワーで振るえば、肉に食い込み深い傷を与える。

LOCK ON!!　　LOCK ON!!

両者痛み分けでにらみ合い

牙に切り裂かれた傷
カルカロドントサウルスの牙で傷つけられた肩からは、出血が止まらない。このままでは倒れてしまう。

バトルシーン 2
両者ともにかなりのダメージ

互いに傷を負った両者は、いったん離れて次の攻撃チャンスをうかがう。カルカロドントサウルスは背中、テリジノサウルスは肩に深手を負い、ともにかなり消耗している様子だ。

バトルシーン 3
カルカロドントサウルスが首に咬みつく

先に限界を迎えたのはテリジノサウルスだった。出血でフラフラになってぐったりと頭をたれたテリジノサウルスの首に、カルカロドントサウルスが咬みついた。

カルカロドントサウルスの勝ち

第2回戦-2

スコミムス
古代アフリカの水辺のハンター

- 分類 ……… 竜盤目獣脚亜目スピノサウルス科
- 生息年 ……… 1億1000万〜1億年前
- 生息地域 ……… アフリカ
- 体長 ……… 11m
- 食性 ……… 肉食

大きさの比較

前回の戦い vs ディロフォサウルス

P.024

スピードで勝るディロフォサウルスが、つかず離れずの連続攻撃でスコミムスを翻弄。だが、しだいに動きが単調になり、ついにスコミムスが相手の首をとらえる。ディロフォサウルスはもがくが、がっちりくわえられては逃げようがない。そのままスコミムスは相手を水中に引きずり込み、勝利。

アルゼンチノサウルス

大地を揺るがす超巨大竜

- 分類　　　竜盤目竜脚形亜目ティタノサウルス科
- 生息年　　1億1000万〜9300万年前
- 生息地域　南アメリカ
- 体長　　　35〜40m
- 食性　　　植物食

クジラよりも大きいメガトンボディ

ほんの一部の化石しか見つかっていないが、そこから推測される体の大きさは恐竜の中でも最大級。史上最大の陸生動物ともいわれ、歩くだけでも周囲に地響きを起こしたという。これだけの巨体ならば、少々攻撃を受けたところでまったくダメージを受けず、踏みつけたり尻尾をひとふりすれば相手を一蹴できてしまう。本気で暴れ出したら、災害クラスの被害をまき散らすだろう！

① 大木のような足

脛骨（足の骨）は大木のように太く、長さは150センチもあった。この頑丈でパワフルな足で100トンともいわれる巨体を支えていたのだ。

② すべてをなぎ払う尻尾

尻尾の長さや太さも特大サイズで、左右に大きく動かせたと考えられている。巨体に挑む、身のほど知らずの敵を打ちすえる武器になったのだろう。

第2回戦-2

対戦ステージ　**水辺**

体格ではアルゼンチノサウルスが圧倒的。スコミムスはスピードを生かし、山のような相手を崩して勝機をつかめるだろうか?

バトルシーン 1

スコミムスの激しい連続攻撃!!

巨大な相手を恐れることなく、果敢に攻めかかるスコミムス。カギ爪や牙をアルゼンチノサウルスの体に突き立て、いくつもの傷をつけていく。だが、アルゼンチノサウルスの巨体にどれほど効いているのか、まったくわからない。

相手の体に無数の傷をつけるスコミムス

前足のカギ爪

前足のカギ爪はほかの大型肉食恐竜よりも大きめ。アルゼンチノサウルスの厚い皮膚も切り裂くことができる。

LOCK ON!!

バトルシーン 2
スコミムスが攻撃目標を変更

アルゼンチノサウルスの胴体を攻めても効いている様子がないため、スコミムスは相手の足に狙いをつける。だが、咬みついて引き倒そうとしても、重厚な巨体はびくともしない。

大木のような足
巨体を支える足は、大木のように太くたくましい。スコミムスに咬まれても、ほとんどダメージはないようだ。

バトルシーン 3
尻尾の一撃で相手をノックアウト!!

それまでほとんど動きのなかったアルゼンチノサウルスだが、しつこい相手にそろそろ堪忍袋の緒が切れた。長く太い尻尾がうなりをあげてスコミムスを打ち、はじき飛ばした。

アルゼンチノサウルスの勝ち

第2回戦-3
ステゴサウルス
骨板とトゲの要塞

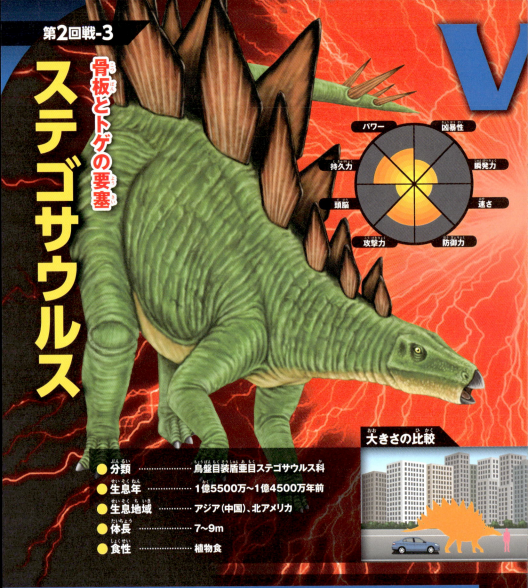

- 分類 ············ 鳥盤目装盾亜目ステゴサウルス科
- 生息年 ·········· 1億5500万～1億4500万年前
- 生息地域 ········ アジア（中国）、北アメリカ
- 体長 ············ 7～9m
- 食性 ············ 植物食

大きさの比較

尻尾のトゲで敵を撃退

背中に複数の骨の板が並んだ、ユニークな姿の草食恐竜。骨の板は大きなものでは50センチほどあったが薄く、強固な装甲板ではなかったと考えられている。とはいえ、ある程度は背中への攻撃を防ぐことはできただろう。敵に襲われたときには、4本のトゲが生えた尻尾を振り回して戦った。トゲで傷つけられた肉食恐竜の化石も見つかっており、威力は抜群だったようだ。

① 敵を貫く長大なトゲ

尻尾の先に生えているスパイクの長さは1メートルにもなった。腹に突き刺されば内臓に届き、致命傷を与える恐ろしい武器である。

② 筋肉質で力強い後足

後足にしっかりと筋肉がついていたので、後足で立ち上がることもできたという。小さな相手なら立ち上がって踏み潰すこともできただろう。

デイノニクス

狡猾な小ハンター

- 分類 ······ 竜盤目獣脚亜目ドロマエオサウルス科
- 生息年 ······ 1億4400万〜9900万年前
- 生息地域 ······ 北アメリカ
- 体長 ······ 2.5〜4m
- 食性 ······ 肉食

前回の戦い vs ケツァルコアトルス

P.028

デイノニクスたちはケツァルコアトルスの空からの攻撃に驚き、バラバラに逃げていく。しかし、これはデイノニクスのワナだった。地上に降りたケツァルコアトルスが1体のデイノニクスに気をとられているうちに、仲間たちが戻って相手を包囲。最後は3方向からの一斉攻撃で完勝した。

第2回戦-4

ペンタケラトプス

多くの角で武装した重戦車

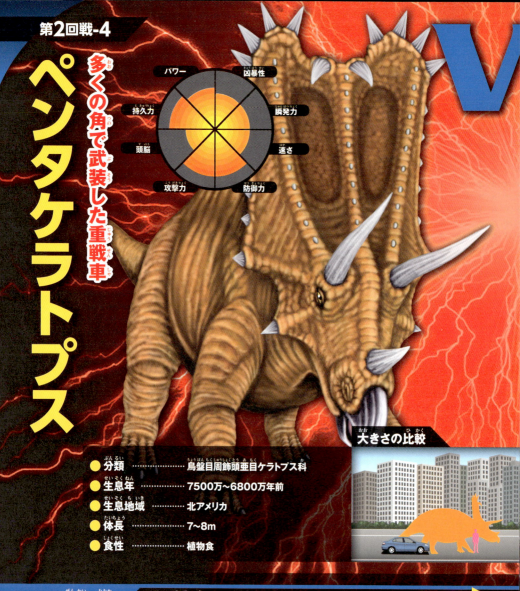

- **分類** ……… 鳥盤目周飾頭亜目ケラトプス科
- **生息年** ……… 7500万～6800万年前
- **生息地域** ……… 北アメリカ
- **体長** ……… 7～8m
- **食性** ……… 植物食

大きさの比較

前回の戦い vs パキケファロサウルス　P.032

頭を合わせた押し合いから勝負が始まり、第1ラウンドは体重が重いペンタケラトプスが優勢。パキケファロサウルスは下がり、今度は助走をつけた頭突きで勝負を挑む。ペンタケラトプスも真っ向から受けて立ち、相手の頭突きを下から跳ね上げて撃破。相手の得意技を粉砕し実力を見せつけた。

070

ケラトサウルス

恐れを知らぬ狂戦士

- **分類** ……… 竜盤目獣脚亜目ケラトサウルス科
- **生息年** ……… 1億6000万～1億4000万年前
- **生息地域** ……… 北アメリカ
- **体長** ……… 4.5～8m
- **食性** ……… 肉食

巨大な牙で大物を狙う

中型の肉食恐竜で、頭に3本の小さな角があるのが特徴。この角は仲間へのアピールのほかに、戦うときに頭を保護する効果もあったといわれる。同時代の、より大型の肉食恐竜よりも大きな牙をもっており、手足の爪も鋭かった。この研ぎすまされた武器を使って、自分よりはるかに大きな竜脚形類すらも襲って食べる、闘争心あふれる凶暴な捕食者だったと考えられている。

① 刃物のような牙

長い牙はナイフのように薄く、切れ味は抜群。獲物を咬み砕くのではなく、斬りつけて皮膚や肉を切り裂くという目的に特化した武器だ。

② 身軽な体で獲物を追跡

体が細身で体重が軽かったため、走るスピードも速かったと考えられる。動きの遅い竜脚形類は、狙われたら逃げ切れなかっただろう。

第2回戦-4

対戦ステージ　草原

ケラトサウルスの牙とペンタケラトプスの角。まともに当たれば一撃で勝負を決められる武器をもつ両雄の戦いは、緊張感のある真剣勝負となった!!

バトルシーン 1
攻め込んだケラトサウルスが反撃で負傷

闘争心あふれるケラトサウルスが積極的にしかけ、ペンタケラトプスも応戦。ケラトサウルスは相手の首を狙って回り込もうとするが、何度かもみ合ううちにペンタケラトプスの角に引っかかり、後足に傷を負ってしまった。

ペンタケラトプスの大角が足を裂く!

≪LOCK ON!!≫

鋭くとがった角
角の先端は鋭くとがっており、まるで槍のよう。引っかけるだけでも相手の肉を引き裂くのはたやすい。

≪LOCK ON!!≫

バトルシーン 2
ケラトサウルスが狙いを変更

ケガをしたケラトサウルスは、相手の角を警戒。今度はペンタケラトプスの背後に回り込む。ペンタケラトプスは相手のスピードについていけず、後足に咬みつかれてしまった。

巨大な牙
ケラトサウルスの体の大きさに釣り合わない巨大な牙は、大型の獲物を倒すために発達したもの。ひと咬みで深い傷を与える。

バトルシーン 3
ケラトサウルスが相手の足の筋肉を切断

ケラトサウルスの牙が、ペンタケラトプスの足の筋肉を切断。バランスを崩したペンタケラトプスに、ケラトサウルスが馬乗りになって襲いかかり、首に咬みかかった。

ケラトサウルスの勝ち

コラム3

恐竜の仲間たち

恐竜が生きていた時代には、翼竜や首長竜などの大型爬虫類も数多く生息していた。こうした動物たちは恐竜に似ているが、体の構造が恐竜とは違っているため、正確には恐竜の仲間ではない。その代表的な種類を紹介しよう。

空で生活した動物たち

恐竜時代の空を支配したのが、翼竜の仲間たちだ。翼竜はトカゲやワニ、首長竜などよりは恐竜に近い動物だが、恐竜の仲間ではない。大きさはハトよりも小さなものから、翼を広げると10メートルを超えるものまでさまざまなものがいた。翼がとても大きく体は小さめで、体重は軽かった。現代の鳥類ほど力強く羽ばたくことはできなかったようで、おもに上昇気流を翼に受けて滑空していたと考えられている。

プテラノドン

- ●分類　翼竜目プテラノドン科
- ●生息年　8900万～7100万年前
- ●翼長　7～9m

大型の翼竜で、頭の後ろに長いトサカがあった。海に面した崖から滑空し、長いクチバシで魚類をすくって食べていた。

ディモルフォドン

- ●分類　翼竜目ディモルフォドン科
- ●生息年　1億7500万～1億5900万年前
- ●翼長　1.4m

頭が大きく、翼は小さめの体形が特徴。足が短く、地上を歩くのは苦手だった。飛びながら魚類をつかまえて食べていた。

海で生活した動物たち

恐竜たちはおもに地上で生活し、海に住む種類はほとんどいなかった。代わって海で大繁栄したのが、首長竜や魚竜、海トカゲの仲間たちだ。こうした海に住む爬虫類たちは一生のほとんどを水中で過ごし、卵を産むために陸に上がることもなく、海中で子どもを産む習性だったと考えられている。多くはおもに魚類を食べる肉食動物で、ほかの首長竜や魚竜、ウミガメなどを襲う強力なハンターもいたようだ。

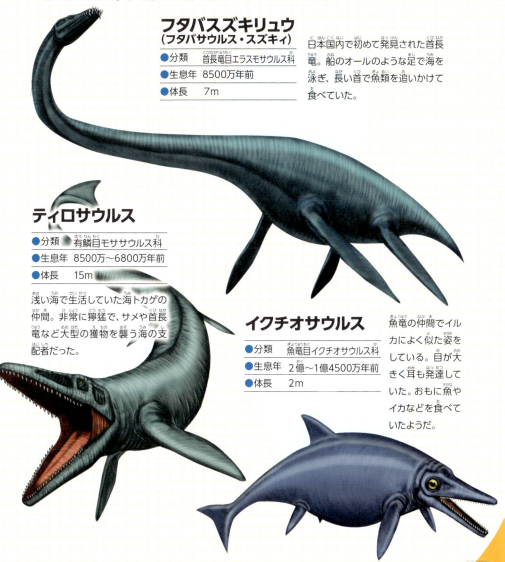

フタバスズキリュウ
（フタバサウルス・スズキィ）
- 分類　　首長竜目エラスモサウルス科
- 生息年　8500万年前
- 体長　　7m

日本国内で初めて発見された首長竜。船のオールのような足で海を泳ぎ、長い首で魚類を追いかけて食べていた。

ティロサウルス
- 分類　　有鱗目モササウルス科
- 生息年　8500万〜6800万年前
- 体長　　15m

浅い海で生活していた海トカゲの仲間。非常に獰猛で、サメや首長竜など大型の獲物を襲う海の支配者だった。

イクチオサウルス
- 分類　　魚竜目イクチオサウルス科
- 生息年　2億〜1億4500万年前
- 体長　　2m

魚竜の仲間でイルカによく似た姿をしている。目が大きく耳も発達していた。おもに魚やイカなどを食べていたようだ。

第2回戦-5

ティラノサウルス
究極の進化をとげた暴君竜

- 分類 ………… 竜盤目獣脚亜目ティラノサウルス科
- 生息年 ……… 7000万～6600万年前
- 生息地域 …… 北アメリカ
- 体長 ………… 12～13m
- 食性 ………… 肉食

大きさの比較

自然界を代表する超肉食竜

恐竜時代の末期に登場した最大級の肉食恐竜。ほかの恐竜たちを圧倒するたくましい体に強大なアゴ、長さ15センチもある太い牙をもつ。同時代に生きた恐竜たちの化石には、ティラノサウルスによって骨まで咬み砕かれたあとが残されているものが少なくない。ティラノサウルスはその圧倒的な戦闘力でほかの恐竜たちを思うがままに狩りまくり、最強の王者として君臨していたのだ。

① 何もかも咬み砕く脅威のアゴ
頭骨は肉食恐竜の中でもひときわ大きく、アゴもがっしりとしていた。咬む力は全恐竜中最強クラスで、現代のワニやライオンの10倍もあった。

② 狩りのために発達した超感覚
脳が大きく、匂いを感じ取る器官が特に優れていた。また、目が前向きについており、獲物との距離を正確に測ることができたといわれる。

S

トリケラトプス
3本角の暴れん坊

- **分類** …………… 鳥盤目周飾頭亜目ケラトプス科
- **生息年** ………… 7000万～6600万年前
- **生息地域** ……… 北アメリカ
- **体長** …………… 8～9m
- **食性** …………… 植物食

前回の戦い vs アロサウルス P.038

最初は相手の角を警戒して慎重だったアロサウルスが、やがて攻撃を開始。トリケラトプスの角をかわして近づき、牙を相手の顔に叩きつけた。だが、つねに仲間と突き合いをしているトリケラトプスの頭は固く、ダメージはなし。トリケラトプスは相手を押しのけると、角で突き刺した。

第2回戦-5

対戦ステージ　荒野

ジュラ紀を代表する肉食竜・アロサウルスを倒したトリケラトプスの次の相手は、白亜紀を代表する肉食竜・ティラノサウルス。勝ち進むのは、どちらだ!?

バトルシーン1

トリケラトプスが最初から全力突進

ティラノサウルスの危険度を誰よりもよく知るトリケラトプス。相手に何もさせまいと、先手をとって勢いよく突進していく。だが、ティラノサウルスも慣れたもの。角がかすって軽い傷を負ったが、突進をかわして背後をとった。

危険な突進をかわすティラノサウルス

LOCK ON!!

一撃必殺の突進
8トンもある体重をのせた突進は迫力満点。直撃すれば内臓を突き破り、一撃で相手を倒してしまうだろう。

LOCK ON!!

強力なアゴ
ティラノサウルスに咬まれたら、振りほどくのは不可能。その気になればフリルを咬み砕くこともできる。

バトルシーン2
ティラノサウルスがトリケラトプスを振り回す

突進をかわしたティラノサウルスは、トリケラトプスの頭の後ろのフリルに咬みつき、強引に引きずり回した。トリケラトプスの首に強い力がかかり、骨が悲鳴をあげ始めた！

バトルシーン3
ティラノサウルスが貫禄を見せつける

首を痛めたトリケラトプスは、やがてぐったりと頭を下げてしまう。ティラノサウルスは余裕たっぷりにトリケラトプスの首に食らいつき、完全にへし折ってとどめを刺した。

ティラノサウルスの勝ち

第2回戦-6

ギガノトサウルス
南米に君臨した暴食王

- 分類　　　竜盤目獣脚亜目カルカロドントサウルス科
- 生息年　　9800万～9600万年前
- 生息地域　南アメリカ
- 体長　　　12～14m
- 食性　　　肉食

大きさの比較

前回の戦い vs サウロペルタ
P.042

固い骨の鎧とトゲでがっちりと身を守るサウロペルタを前に、ギガノトサウルスは攻めにくそうなそぶりを見せていた。だが、ギガノトサウルスは力技でこの難敵に対抗。巨大なアゴでサウロペルタの肩をくわえるとそのまま振り回して、最後にはあお向けにひっくり返してとどめを刺した。

ブラキオサウルス

恐竜時代随一の高層タワー

- 分類 ……… 竜盤目竜脚形亜目ブラキオサウルス科
- 生息年 ……… 1億5000万～1億4500万年前
- 生息地域 ……… アフリカ、北アメリカ
- 体長 ……… 25m
- 食性 ……… 植物食

巨体に秘めたパワーで敵を圧倒

非常に長い首と太い尻尾をもつ、大型の竜脚形類。後足に比べて前足がかなり長いため肩の位置が高く、首をもち上げるとその高さは16メートルに達した。これはビルの4階をのぞき込める高さになる。敵との戦いでは、この規格外の巨体が生み出すパワーが最大の武器になった。丸太のような尻尾で敵をなぎ倒し、踏み潰す。力で相手をねじ伏せる、堂々たる王者の戦いぶりだ。

❶ 敵を打ちすえるムチ

竜脚形類の多くは、尻尾をムチのようにしならせて武器にしていた。ブラキオサウルスの長い尻尾は、肉食恐竜にとって危険な武器だったはずだ。

❷ もうひとつの巨大ムチ

首は尻尾よりも長く、大木のように太かった。中型の肉食恐竜くらいなら、首で払いのけるだけで吹き飛ばしてしまっただろう。

第2回戦-6

対戦ステージ　草原

ずば抜けた巨体を誇るブラキオサウルスだが、ギガノトサウルスも肉食恐竜では最大級。スーパーヘビー級の、力と力の対決が見どころだ。

バトルシーン 1
攻撃態勢で待つブラキオサウルス

ブラキオサウルスは軽く前足をあげ、いつでも相手を踏みつけられる体勢でギガノトサウルスを見下ろす。こうなってはギガノトサウルスもうかつに近づけず、離れた場所から攻撃のチャンスを待つしかない。

敵を見下ろすブラキオサウルス

LOCK ON !!

広い視野
長い首を上げれば、自分のまわりのほとんどがいっぺんに目に入る。相手のわずかな動きも見逃さない。

LOCK ON !!

バトルシーン2
ギガノトサウルスが効果的な一撃

ブラキオサウルスは相手を一息に蹴散らそうと、前進して踏みつけにかかった。対するギガノトサウルスも突進。ブラキオサウルスの踏みつけをかわしながら相手の肩に咬みついた。

肉を削ぎとる牙
肉を切り裂き、削ぎとるために発達した牙。ギガノトサウルスに咬まれれば、ズタズタに切り裂かれる。

ブラキオサウルスが大出血！

バトルシーン3
大型恐竜狩りの必勝パターンが炸裂

ギガノトサウルスの牙はブラキオサウルスの血管を傷つけ、大量出血をもたらした。弱っていく相手を、ギガノトサウルスは少しずつ追撃。理想的な戦いぶりで巨竜をしとめた。

ギガノトサウルスの勝ち

第2回戦-7

ユタラプトル
知力と大爪の名ハンター

大きさの比較

- 分類 ……………… 竜盤目獣脚亜目ドロマエオサウルス科
- 生息年 …………… 1億2500万～1億2000万年前
- 生息地域 ………… 北アメリカ
- 体長 ……………… 5～7m
- 食性 ……………… 肉食

知力と武器を合わせもつ強者

デイノニクスの仲間で、同種では最大級。スマートな胴体と長い手足をもち、運動能力が優れていた。脳が大きく知能が高かった可能性が高く、仲間と協力して狩りをしていたと考えられている。おもな武器は後足のカギ爪で、猛スピードで飛びかかり、獲物の体を引き裂いたという。ときには自分よりずっと大きい恐竜を倒すこともある、腕利きの狩人だったようだ。

❶ 自由に動かせたカギ爪

後足の第二指にあるカギ爪は、長さ20センチもあった。走るときには邪魔にならないように上に向け、獲物を襲うときには前に向けて突き刺した。

❷ 手先の器用さも自慢

前足が長く、器用に動かすことができた。獲物を押さえつけたりカギ爪で引っかくなど、狩りには欠かせない道具になっていたようだ。

S

アンキロサウルス
骨鎧を背負ったハンマー使い

- パワー
- 凶暴性
- 持久力
- 瞬発力
- 頭脳
- 速さ
- 攻撃力
- 防御力

- 分類 ……… 鳥盤目装盾亜目アンキロサウルス科
- 生息年 ……… 6800万～6600万年前
- 生息地域 ……… 北アメリカ
- 体長 ……… 6～10m
- 食性 ……… 植物食

前回の戦い vs ユウティラヌス

P.046

アンキロサウルスの鎧、そして尻尾のハンマーを目にしたユウティラヌスは、横から近づいて相手を踏みつけ、首を狙って攻撃をくり出す。だが、相手を押さえつけるには、ユウティラヌスの体重は軽すぎた。アンキロサウルスはあっさりとユウティラヌスを払いのけ、尻尾を叩きつけて勝利した。

第2回戦-7

対戦ステージ　岩場

俊敏で知能も高いユタラプトルは、非常に優秀なハンター。鉄壁の守備力を誇るアンキロサウルスに対し、どのような攻撃を見せるのか？

バトルシーン 1
ユタラプトルの攻撃は通用せず？

ユタラプトルは後足のカギ爪を振りかざし、挨拶がわりとばかりにアンキロサウルスの頭や首を引っかいた。だが、攻撃はすべて弾き返されてダメージはなし。アンキロサウルスの防御を破るのは至難の業だ。

積極的に攻め込むユタラプトル

LOCK ON!!

弱点を守る装甲板
普通なら弱点となる首も、しっかり骨の板で防御。頭もがっちりした骨のかたまりで、つけいるスキがない。

第2回戦-8

サルコスクス
太古の超巨大ワニ

- 分類 …………… ワニ目フォリドサウルス科
- 生息年 ………… 1億1000万年前
- 生息地域 ……… アフリカ
- 体長 …………… 10〜12m
- 食性 …………… 肉食

大きさの比較

前回の戦い vs アンペロサウルス　P.050

戦闘開始直後、サルコスクスはアンペロサウルスの尻尾に打ちのめされ、ぐったりしてしまう。アンペロサウルスは容赦なく攻めかかり、踏みつけてとどめを刺そうとした。大ピンチに追い込まれたサルコスクスだが、ギリギリで意識を取り戻して攻撃を回避。直後に相手の足をくわえ、ねじ折った。

スピノサウルス
史上最大級の水竜

- 分類　　竜盤目獣脚亜目スピノサウルス科
- 生息年　　9700万年前
- 生息地域　　アフリカ
- 体長　　15〜17m
- 食性　　肉食

荒ぶる川辺の王者

大きな帆のような背びれと、細長くワニのような頭が特徴の超大型肉食恐竜。前足はかなり大きく、獣脚類としては珍しくふだんは四足歩行をしていたという。生息場所は水辺か水中と考えられており、おもな獲物は魚類。戦ってケガをした跡が残る化石が見つかっており、縄張りをめぐってほかの肉食恐竜やワニなどと争うことも多い、川の暴竜だった可能性が高い。

1 獲物を逃がさないアゴ

長さ1メートル以上もあるアゴには、鋭くとがった円錐形の歯が並ぶ。咬みついた獲物に突き刺さり、逃がさないように発達した形だ。

2 怪力を秘めた前足

魚を捕らえるために発達した前足は、力強く器用な動きも可能だった。敵をつかんで引きずり、得意の水中戦にもち込むこともできただろう。

第2回戦-8

対戦ステージ　水辺

サルコスクスとスピノサウルスは、どちらも水辺を住処とした捕食者の頂点。史上最大級の体格を誇る巨竜たちが、水の王の座をかけて激突する。

バトルシーン 1
激しい格闘戦で戦闘開始！

浅瀬で出会った両者。激しく水しぶきをあげながら、取っ組み合いの格闘が始まった。アゴの大きさではサルコスクスがわずかに上回るが、スピノサウルスは前足をうまく使い、相手を押さえつけて攻撃を防いでいる。

浅瀬で乱闘する二大巨竜たち

≪ LOCK ON!! ≫

強靭な前足
四足歩行をしていたスピノサウルスの前足は力強く、器用さも兼ね備えている。接近戦では強力な武器になる。

サルコスクスの強烈な一撃が命中！

バトルシーン 2
戦いは地上戦へ
激しく戦う両者は、もつれ合いながら地上へと移動。地上でのスピードはスピノサウルスが上回り、サルコスクスの横をとった。だが、サルコスクスの尻尾にはたかれてしまう。

尻尾の一撃
固いウロコにおおわれたワニの尻尾は、極太の棍棒のようなもの。並の相手なら一撃で叩き潰されてしまう。

バトルシーン 3
前足の差が勝敗をわける
スピノサウルスは強烈な一撃をこらえ、前足で相手の首を押さえこんだ。この体勢では、サルコスクスに反撃の手段はない。相手の喉を咬み潰し、スピノサウルスが勝利した。

スピノサウルスの勝ち

エキシビション-2

エラスモサウルス
vs
モササウルス

エラスモサウルスは長い首を使って魚類をとらえる名ハンターだが、獲物はおもに小さな生物。対するモササウルスは、大型の魚類や爬虫類にも襲いかかる大物狩りの名手だ。エラスモサウルスは首を動かして相手の体のあちこちに咬みつくが、モササウルスはまったくひるまずエラスモサウルスのひれにかじりつく。両者の攻撃力の差は明白であり、モササウルスの勝利は決定的だった。

闘争心あふれる獰猛な捕食者

トカゲやヘビに近い仲間で、海トカゲ類と呼ばれることもある。同種では最大級。魚類やウミガメ、首長竜などあらゆる動物を獲物にしていた強力な捕食者だった。傷跡のある化石も多く見つかっており、攻撃的でほかの動物と争うことの多い乱暴者だったと考えられている。

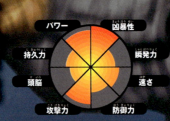

大海の暴れん坊
モササウルス

- 分類 ……… 有鱗目モササウルス科
- 生息年 ……… 7900万〜6600万年前
- 生息地域 ……… ヨーロッパ、北アメリカ、日本
- 体長 ……… 12〜18m

最長の首をもつ首長竜
エラスモサウルス

獲物を逃がさぬ長い首

首長竜の仲間では最大級で、体長の半分以上もある長い首をもつ。この首を自由自在に動かして、魚類や時には水面近くを飛ぶ翼竜までも捕らえて食べていたという。ひれのようになった手足を動かして泳ぎ、広い範囲を泳ぎまわって獲物を探す性質があったようだ。

- ● 分類 ………… 首長竜目エラスモサウルス科
- ● 生息年 ………… 7000万～6600万年前
- ● 生息地域 ………… 北アメリカ
- ● 体長 ………… 14m

海棲爬虫類の王者となるのは首長竜か海トカゲか？

モササウルスの勝ち！

コラム4

鳥になった恐竜たち

6600万年前に恐竜たちは地球上から姿を消した。だが、現代にも恐竜の生き残りがいると言ったら信じられるだろうか？ じつは鳥類は恐竜たちの直接の子孫であり、後継者ともいえる存在なのだ。ここでは恐竜と鳥類の共通点を紹介しよう。

骨格にたくさんの共通点

現代の鳥類は、ティラノサウルスやデイノニクスなどの獣脚類の仲間が祖先といわれている。その証拠のひとつが、骨格の共通点だ。

下のイラストはニワトリとデイノニクスの全身骨格だが、両者を見比べてみると意外なほど似ていることがわかる。ニワトリの首を低く下げて尻尾を長くすると、もう恐竜そっくりである。

近年では鳥類を恐竜のグループのひとつとみなす研究者も現れている。

こんなに似ている鳥と恐竜（獣脚類）

さ骨の形
鳥類と一部の獣脚類は、左右のさ骨がつながったV字型※という、共通の構造をもっている。

中空の骨
頭骨など一部の骨の中に空洞があり、気のう（空気をためる器官）をもっている。

手の構造
ほとんどの獣脚類と鳥類は、指が3本。また、手首を回転させることができる構造も共通だ。

足の構造
体重をしっかり支え、二足歩行ができるように真下に向けて足がついている。

※正面から見たときに、V字型に見える。

恐竜にも羽毛があった

鳥類で目立った特徴といえば、全身が羽毛でおおわれていること。じつは一部の恐竜たちも、鳥類と同じように羽毛をもっていた。恐竜の羽毛は細い筒のような形の体毛に近いものだった。これが進化して、現代の鳥類の風切り羽になったという。

羽毛恐竜の化石は、小型の獣脚類しか見つかっていなかったが、近年では大型の獣脚類も発見されており、獣脚類の多くが羽毛恐竜だったという考え方が主流になっている。

羽毛恐竜の想像図

ティラノサウルス（羽毛）
羽毛をもつティラノサウルスの想像図。
羽毛のない姿とは違った迫力がある。

恐竜の体温は？

現代の爬虫類の大部分は体温が気温の変化によって大きく上下する変温動物、鳥類は気温が変化しても体温を一定に保つ恒温動物だ。では、恐竜はどちらのタイプだったのか？最新の研究によると、恐竜は変温動物と恒温動物の中間である中温動物で、基本的には体温を維持できるが、気温の影響も受ける性質だったと考えられている。体温は小型の恐竜では25度程度、大型の恐竜は30度以上あったという。

コラム4

恐竜も子育てをした

現代の鳥類は卵を親鳥が温め、ヒナが生まれると食べ物を運んで大きくなるまで育てあげる。一部の恐竜も、こうした子育てをしていたことがわかっている。特に熱心に子育てをしていたのが、マイアサウラという恐竜だ。マイアサウラは草を敷き詰めた巣に卵を産み、子どもが生まれると食べ物を与えていた。子どもたちは巣立ってからも大人たちと集団生活していた形跡があり、面倒見のいい恐竜だったようだ。

▲子どもに食事を運ぶマイアサウラの想像図。マイアサウラという名前は「よい母親トカゲ」という意味である。

不名誉な名前をつけられたオヴィラプトル

オヴィラプトルの名前の意味は「卵どろぼう」。発見されたときに卵の化石がそばにあったため、卵を盗んで食べようとしたときに何らかの原因で死に、化石になったと考えられた。だが、その後に巣の卵におおいかぶさる化石が見つかり、調査の結果、卵はオヴィラプトルのものと判明。自分の卵を守り育てる恐竜だったことが明らかになった。

準々決勝-1

カルカロドントサウルス
サメの歯をもつ大物食らい

- **分類** ……… 竜盤目獣脚亜目カルカロドントサウルス科
- **生息年** ……… 1億～9300万年前
- **生息地域** ……… アフリカ
- **体長** ……… 10～14m
- **食性** ……… 肉食

パワー／凶暴性／瞬発力／速さ／防御力／攻撃力／頭脳／持久力

大きさの比較

前回の戦い vs テリジノサウルス　P.060

戦闘開始直後、カルカロドントサウルスが咬みつき、テリジノサウルスもカギ爪で応戦。両者ともいきなり大きな傷を負う。その後はにらみ合いが続いたが、より深い傷を負っていたテリジノサウルスが先にダウン。弱った相手に襲いかかり、カルカロドントサウルスが勝利した。

S

アルゼンチノサウルス

大地を揺るがす超巨大竜

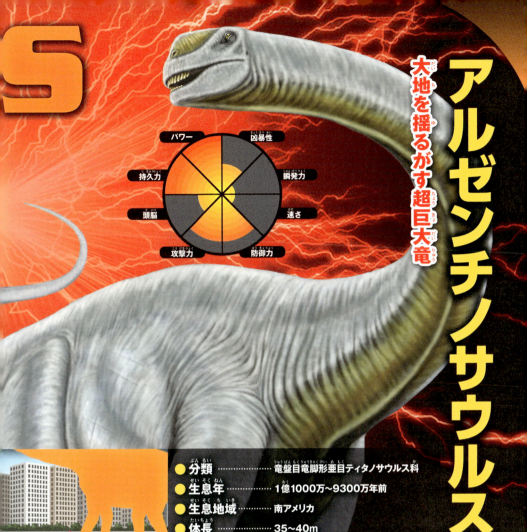

- **分類** …………… 竜盤目竜脚形亜目ティタノサウルス科
- **生息年** ………… 1億1000万〜9300万年前
- **生息地域** ……… 南アメリカ
- **体長** …………… 35〜40m
- **食性** …………… 植物食

前回の戦い vs スコミムス　P.064

スコミムスは自分よりはるかに大きな相手を恐れもせずに襲いかかり、アルゼンチノサウルスの体にいくつも傷を残す。だが、大きなダメージは与えられず、足を攻撃して倒そうとしても効き目がない。やがてアルゼンチノサウルスが動きだし、尻尾でスコミムスを軽々とはじき飛ばしてしまった。

準々決勝-1

対戦ステージ　**草原**

抜群の攻撃力で勝ち進んできたカルカロドントサウルスの前にアルゼンチノサウルスが立ちはだかる。強力な牙は史上最大級の巨体に通じるのか？

バトルシーン 1

首を武器に守りを固めるアルゼンチノサウルス

カルカロドントサウルスはアルゼンチノサウルスに食らいつこうと猛然と突進した。迎え撃つアルゼンチノサウルスは、首を大きく振って牽制。相手の太い首にはたかれたカルカロドントサウルスはよろめき、なかなか近寄れない。

巨大な体に爪あとが残る！

重い一撃にふらつくカルカロドントサウルス

LOCK ON!!

長く太い首
たいていの肉食恐竜の胴体より長い首は、尻尾と並ぶ強力な武器。ムチのように相手に叩きつけ、吹き飛ばす。

バトルシーン 2
カルカロドントサウルスが反撃開始

カルカロドントサウルスは相手の攻撃に耐えながら、何とか接近。胴体に鋭いカギ爪を突き立てて攻撃するが、こたえた様子がないため、咬みつこうと大きく口を開けた。

大きなカギ爪
カルカロドントサウルスの長く鋭いカギ爪は、同体格の相手に対してなら強力な武器となる。だが、今回の相手は大きすぎた。

バトルシーン 3
体格とパワーを生かして一発逆転

咬みつかれる寸前、危ないところでアルゼンチノサウルスは体当たりで反撃。カルカロドントサウルスは転倒し、立ち上がろうともがいているところを踏みくだかれてしまった。

アルゼンチノサウルスの勝ち

準々決勝-2
狡猾な小ハンター
デイノニクス

- 分類 ………… 竜盤目獣脚亜目ドロマエオサウルス科
- 生息年 ……… 1億4400万〜9900万年前
- 生息地域 …… 北アメリカ
- 体長 ………… 2.5〜4m
- 食性 ………… 肉食

大きさの比較

前回の戦い vs ステゴサウルス   P.068

1体のデイノニクスがステゴサウルスの背中に登るが、ステゴサウルスは無視して正面にいた2体の相手を尻尾でなぎ払った。だが、攻撃は避けられてしまったうえ、不運なことにスパイクが木に刺さってしまう。デイノニクスたちはこのチャンスを見逃さず、相手を血祭りにあげてしまった。

S

ケラトサウルス
恐れを知らぬ狂戦士

- 分類 ……… 竜盤目獣脚亜目ケラトサウルス科
- 生息年 ……… 1億6000万～1億4000万年前
- 生息地域 ……… 北アメリカ
- 体長 ……… 4.5～8m
- 食性 ……… 肉食

前回の戦い vs ペンタケラトプス　P.072

ケラトサウルスはペンタケラトプスの角を避け損ねて足に傷を負うが、ひるまず戦闘続行。ペンタケラトプスの背後に回り込み、後足に咬みついた。この傷が原因で、ペンタケラトプスはその場に倒れ込む。すかさずケラトサウルスが襲いかかり、弱点の首を咬み裂いて勝利した。

準々決勝-2

対戦ステージ　岩場

スピードとチームワークが自慢のデイノニクスだが、ケラトサウルスもなかなか素早い。敏捷なハンター同士の駆け引きが見どころだ。

バトルシーン 1
ケラトサウルスが攻撃の主導権を握る

うるさい相手を1体ずつしとめようと、ケラトサウルスは1体のデイノニクスに狙いを絞って追い回す。デイノニクスたちはいつもの戦いのように相手を囲み、スキあらば攻めかかろうとチャンスをうかがっている。

暴れ回るケラトサウルス

◀◀ LOCK ON!! ▶▶

長大な牙
中型肉食恐竜だが、大型肉食恐竜にも負けないサイズの牙。デイノニクスの小さな体ならば簡単に引き裂ける。

バトルシーン 2
ケラトサウルスの一撃がデイノニクスをとらえた

背後からちょっかいを出してくるデイノニクスのせいで、ケラトサウルスは少しずつ傷を負う。いらだったケラトサウルスは尻尾をひと振り。背後にいたデイノニクスを叩き伏せた。

尻尾で攻撃
ケラトサウルスの尻尾は、しなやかで力強い筋肉の束。小さな相手を叩きのめす程度は簡単にやってのける。

強靭な尻尾でデイノニクスを撃墜！

バトルシーン 3
必死の攻撃で仲間を救う

ケラトサウルスは相手を踏みつけ、とどめを刺そうと迫る。だが、仲間のピンチにデイノニクスたちは決死の反撃。ケラトサウルスの顔に飛びかかり、目を引き裂いて勝利を収めた。

デイノニクスの勝ち

準々決勝-3

ティラノサウルス
究極の進化をとげた暴君竜

- **分類** ………… 竜盤目獣脚亜目ティラノサウルス科
- **生息年** ………… 7000万〜6600万年前
- **生息地域** ……… 北アメリカ
- **体長** …………… 12〜13m
- **食性** …………… 肉食

大きさの比較

前回の戦い vs トリケラトプス　P.078

いきなりトリケラトプスが突進して勝負をかけるが、ティラノサウルスはかすり傷を負っただけで回避。すぐに身をひるがえし、トリケラトプスのフリルをくわえた。ティラノサウルスはそのままトリケラトプスを引きずって首を痛めつけ、動きが鈍ったところに咬みついて首をへし折ってしまった。

ギガノトサウルス

南米に君臨した暴食王

ステータス
- パワー
- 凶暴性
- 持久力
- 瞬発力
- 頭脳
- 速さ
- 攻撃力
- 防御力

- ● 分類 …… 竜盤目獣脚亜目カルカロドントサウルス科
- ● 生息年 …… 9800万～9600万年前
- ● 生息地域 …… 南アメリカ
- ● 体長 …… 12～14m
- ● 食性 …… 肉食

前回の戦い vs ブラキオサウルス　P.082

ブラキオサウルスは相手を踏み潰そうとするが、ギガノトサウルスは攻撃をかわして接近し、ブラキオサウルスの肩を咬みちぎる。この一撃で、ブラキオサウルスは大出血。ギガノトサウルスは深追いせず、相手が弱るのを待ってから小刻みに追撃し、反撃を受けることなく完璧な勝利を収めた。

準々決勝-3

対戦ステージ　**森林**

北アメリカの王者ティラノサウルスと、南アメリカの王者ギガノトサウルス。恐竜時代の末期に君臨した恐竜王たちの凄絶バトルが始まる！

バトルシーン 1
接近戦はギガノトサウルスが優勢

闘争心あふれる両者は、相手を見つけるといきなり突進。激しい接近戦が始まった。ともに、まともに当たれば一撃で相手を倒せる攻撃力のもち主。緊張感のある戦いが続いたが、ついにギガノトサウルスの牙が相手をとらえる！

大型肉食恐竜の迫力あるぶつかり合い！

接近戦の能力
体格はほぼ互角だが、ギガノトサウルスのほうが頭骨が軽く、頭を動かしやすい。長い前足も接近戦で有利に働く。

流れを変える強烈な頭突き

頑強な頭骨
ほかの肉食恐竜より幅の広い頭骨は、強度、重量ともに抜群。体重をのせた頭突きも立派な武器のひとつだ。

LOCK ON!!

バトルシーン 2
ティラノサウルスが頭突きで押し返す

ギガノトサウルスの咬みつきは浅く、ティラノサウルスは流血しながらもひるまず応戦。首を大きく振って重量感ある頭を叩きつけ、ギガノトサウルスの巨体をよろめかせた。

バトルシーン 3
ティラノサウルスが咬む力の差を見せつけた

ギガノトサウルスが体勢を崩した瞬間を見逃すほど、ティラノサウルスは甘くはない。すかさず相手の喉に食らいつき、ひといきに咬み潰してねじ伏せてしまった。

ティラノサウルスの勝ち

準々決勝-4

アンキロサウルス
骨鎧を背負ったハンマー使い

- **分類** ……… 鳥盤目装盾亜目アンキロサウルス科
- **生息年** ……… 6800万〜6600万年前
- **生息地域** ……… 北アメリカ
- **体長** ……… 6〜10m
- **食性** ……… 植物食

大きさの比較

前回の戦い vs ユタラプトル
P.086

ユタラプトルはアンキロサウルスの頭や首を狙うが、効果がなかったため目標を変更。アンキロサウルスの尻尾に注意しながら、後足に攻撃を行う。だが、攻撃を受けて暴れ出したアンキロサウルスは、体当たりで反撃。意表を突かれたユタラプトルはまともに攻撃を食らって押し潰されてしまった。

110

S

スピノサウルス
史上最大級の水竜

- パワー
- 凶暴性
- 瞬発力
- 速さ
- 防御力
- 攻撃力
- 頭脳
- 持久力

- 分類 ……………… 竜盤目獣脚亜目スピノサウルス科
- 生息年 ……………… 9700万年前
- 生息地域 ………… アフリカ
- 体長 ……………… 15～17m
- 食性 ……………… 肉食

前回の戦い vs サルコスクス

P.090

水辺で始まった格闘戦は、両者ともに決定的なダメージを与えられず互角の展開。場所を地上に移してからはスピノサウルスがやや優勢に戦うが、サルコスクスも尻尾の一撃で反撃する。しかし、タフなスピノサウルスはもちこたえ、前足でサルコスクスを押さえつけると喉を咬んで勝利した。

準々決勝-4

対戦ステージ　水辺

肉食恐竜を蹴散らしてきたアンキロサウルスの次なる相手は、史上最大級の肉食恐竜のスピノサウルス。鉄壁の防御で巨竜の攻撃を跳ね返せるか？

バトルシーン1
アンキロサウルスの威圧感が戦いの場を支配

スピノサウルスは戦いの定石どおり相手の背後に回り込もうとする。だが、アンキロサウルスは相手に尻尾を見せつけるように動かして威嚇した。このアピールは効果的で、スピノサウルスは尻尾を警戒してなかなか近づけない。

最大の武器を駆使するアンキロサウルス

LOCK ON!!

尻尾のコブ

アンキロサウルスと戦ったことがない相手でも、大きな骨のコブを見せつけられれば激しく警戒するだろう。

バトルシーン 2
スピノサウルスの攻撃の目的は？

アンキロサウルスを観察していたスピノサウルスは背後からの攻撃をあきらめ、相手の正面から襲いかかった。そして、細い口先を相手の体の下へと滑り込ませ、前足に深く咬みついた。

細く長いアゴ
泳ぎ回る魚を捕らえるために発達したスピノサウルスの細いアゴは、素早く器用に動かせる。くわえた獲物も離さない構造だ。

防御の薄い前足を的確に攻撃！

バトルシーン 3
スピノサウルスが力を見せつける！

アンキロサウルスは慌てて暴れるが、正面にいる相手には尻尾が届かない。スピノサウルスはさらにアンキロサウルスの首をつかみ、体をひねってひっくり返してしまった。

スピノサウルスの勝ち

コラム5

恐竜が絶滅した理由

今から6600万年前、地球上を我が物顔で支配していた恐竜たちは、突然姿を消し、絶滅してしまった。絶滅の原因については、昔からさまざまな説が考えられている。特に有力と思われるものを紹介していこう。

理由❶ 巨大隕石の衝突

　数ある説のなかで現在最も有力だといわれているのが、「巨大隕石の衝突」を原因とする説。この説の根拠になっている隕石の衝突跡はメキシコのユカタン半島の沖で発見されており、衝突時の隕石の直径は10キロメートル以上と推定されている。

　絶滅までの流れはこうだ。まず隕石の衝突により、上空に大量の塵が巻き上げられた。その塵が太陽の光をさえぎったことにより、地球上の植物が激減。食糧を失った植物食恐竜が減り、植物食恐竜を獲物にしていた肉食恐竜も死に絶えたという。

理由❷ 火山の噴火

　恐竜時代の最後、白亜紀の終わりに火山活動が活発になったことが、恐竜絶滅につながったという説もある。この説を裏づける証拠も、インドで見つかっている。絶滅までの流れは、隕石の衝突を原因とする説と同じで、火山の噴火で巻き上げられた塵が太陽光をさえぎって植物を枯らし、続いて恐竜たちも絶滅したというものだ。

理由❸ その他の説

　恐竜絶滅の原因については、隕石や火山活動を原因とする説のほかにも、さまざまなものがとなえられている。代表的なものは下で紹介する3つだが、ほかにも「進化した植物を植物食恐竜が食べられなくなった」説や、「何かの原因で、遺伝子に異常が起こって、オスしか生まれなくなったために滅びた」説など、ユニークなものもある。

大洪水
巨大彗星が地球の近くを通過したときに、その影響で月が地球に接近。地球の重力に引っ張られて月にあった水が地球へと移動し、とてつもない豪雨となって大洪水を起こしたという説。

伝染病
ある日、世界のどこかで恐竜に感染する強力な伝染病が発生し、世界中に広まって恐竜たちを滅ぼしたという説。ただ、離れ小島にいた恐竜まで、どのように感染したのか謎が残る。

哺乳類の影響
恐竜の繁栄の蔭で進化していた哺乳類によって、卵を食べられて絶滅に追い込まれたという説。人類がさまざまな動物を絶滅させてきた歴史を考えると、ありえない話でもないかも?

恐竜絶滅説に残るナゾ

　恐竜絶滅説の多くは、地球環境にもたらす影響がとても大きなものばかり。恐竜が丸ごと滅びる原因となったのだから当たり前だが、ではなぜ、トカゲやワニなどの爬虫類や鳥類、哺乳類などは生き残ったのだろうか?
　これについては、「枯れた植物や動物の死骸など、太陽光にあまり影響を受けない食糧を主食にしていたので生き残った」という説がとなえられることもある。だが、同じような食生活をしていた恐竜はいなかったのか? やはり恐竜の絶滅に関しては、まだ解明されていないナゾが残っている。

コラム5

もしも恐竜が生き残っていたら？

恐竜が絶滅しなかったらどうなっていただろうか？ この疑問については、カナダの古生物学者デイル・ラッセルがおもしろい説をとなえている。その説とは、恐竜が進化を続けると、知能が発達して人間のような姿になるというものだ。この説に登場する人間のような恐竜は、ディノサウロイド（恐竜人間）と呼ばれている。6600万年前の大絶滅がもし起こらなかったら、今頃地球は、恐竜人間の世界になっていたかも？

こんな未来があったかも……？

トロオドン
体に対して脳が大きく、最も知能が高い恐竜といわれる。恐竜人間のモデルもこの種類。

恐竜人間
大きくなった脳を支えるために直立した姿勢に進化。手も発達して人間そっくりの姿に。

※上の「恐竜人間」の図は、1982年にカナダの古生物学者デイル・ラッセルが提唱した「ディノサウロイド（恐竜人間）」の図を元に、現在判明している古生物研究の仮説を取り入れて想像したものです。

恐竜は病気・虫歯になった？

恐竜絶滅説の中には病気が原因とするものがあり、実際に病気にかかったあとが残る化石も発見されている。では、現代人の多くが悩まされている「虫歯」についてはどうだったのだろうか？ 現在までのところ、虫歯にかかった恐竜の歯の化石は発見されていない。そもそも虫歯とはさまざまな食べ物を食べる人間や飼育されている動物に特有の病気で、野生動物は歯磨きなどしていないが虫歯になることはほとんどない。それと同じように、恐竜が虫歯にかかった可能性はかなり低いといえそうだ。

準決勝-1

アルゼンチノサウルス

大地を揺るがす超巨大竜

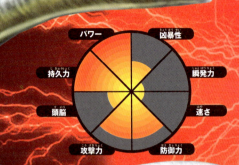

- パワー
- 凶暴性
- 持久力
- 瞬発力
- 頭脳
- 速さ
- 攻撃力
- 防御力

- **分類** ……………… 竜盤目竜脚形亜目ティタノサウルス科
- **生息年** …………… 1億1000万～9300万年前
- **生息地域** ………… 南アメリカ
- **体長** ……………… 35～40m
- **食性** ……………… 植物食

大きさの比較

前回の戦い vs カルカロドントサウルス　P.100

カルカロドントサウルスは、アルゼンチノサウルスの首をぶつけられてよろけながらも前進。巨体をカギ爪で切り裂き、咬みつきかかろうとする。だが、アルゼンチノサウルスは体当たりで相手を弾き飛ばし、咬みつきを阻止。カルカロドントサウルスが立ち上がる前に、踏み潰した。

S デイノニクス

狡猾な小ハンター

- 分類 ········· 竜盤目獣脚亜目ドロマエオサウルス科
- 生息年 ········ 1億4400万～9900万年前
- 生息地域 ······ 北アメリカ
- 体長 ·········· 2.5～4m
- 食性 ·········· 肉食

前回の戦い vs ケラトサウルス

P.104

デイノニクスたちは相手を囲んで優勢に戦っていたが、1体がケラトサウルスの尻尾に叩かれてしまう。ケラトサウルスは倒れたデイノニクスを踏みつけ、咬み殺そうと迫った。このピンチに残る2体のデイノニクスが奮起。危険を省みずにケラトサウルスの顔に飛びかかり、目を潰して勝利。

準決勝-1

対戦ステージ　**草原**

トーナメント参加者のうち、最重量と最軽量の恐竜が激突。どうにもならないほどの体格差があるが、優れた知能と連携プレーで勝利できるか？

バトルシーン 1
デイノニクスたちが連続攻撃をしかける

デイノニクスたちは見上げるような巨体に向かって次々に飛びかかり、いくつもの傷をつけていく。だが、アルゼンチノサウルスにとっては、子犬にじゃれつかれているようなもの。まったくダメージを受けてはいないようだ。

デイノニクスの連携プレーは効果なし?

ジャンプ攻撃
ジャンプして後足のカギ爪で斬りかかるのがデイノニクスの得意技だが、相手が大きすぎて効き目が薄い。

LOCK ON!!

LOCK ON!!

身軽な体
抜群に高い身体能力をもつデイノニクス。大型恐竜の体によじ登ることくらいは、たやすいことだ。

バトルシーン2
頭への攻撃で巨竜がひるむ

デイノニクスの1体がアルゼンチノサウルスの体によじ登り、首の上を走って頭まで到達。顔に直接攻撃を浴びせた。目や鼻の穴を攻撃されては、アルゼンチノサウルスでもたまらない。

デイノニクスが頭の上で大暴れ

バトルシーン3
調子に乗りすぎた相手を一蹴

怒ったアルゼンチノサウルスは、勢いよく首を振る。地面に叩き落とされたデイノニクスは、衝撃で動けなくなった。残った2体は迫力に圧倒され、すごすごと逃げていった。

アルゼンチノサウルスの勝ち

準決勝-2

ティラノサウルス
究極の進化をとげた暴君竜

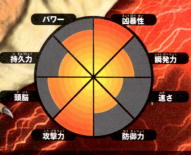

- パワー
- 凶暴性
- 持久力
- 瞬発力
- 頭脳
- 速さ
- 攻撃力
- 防御力

- **分類** ……… 竜盤目獣脚亜目ティラノサウルス科
- **生息年** …… 7000万～6600万年前
- **生息地域** … 北アメリカ
- **体長** ……… 12～13m
- **食性** ……… 肉食

大きさの比較

前回の戦い vs ギガノトサウルス

P.108

時代を代表する捕食者同士の対決は、激しい接近戦でスタート。先にその牙を相手に突き立てたのは、ギガノトサウルスだった。だが、ティラノサウルスは痛みにひるむことなく頭突きで反撃。バランスを崩した相手に襲いかかり、喉を咬み潰した。勝敗をわけたのは、アゴのパワーの差だった。

S

スピノサウルス

史上最大級の水竜

パワー / 凶暴性 / 瞬発力 / 速さ / 防御力 / 攻撃力 / 頭脳 / 持久力

- **分類** ……………… 竜盤目獣脚亜目スピノサウルス科
- **生息年** …………… 9700万年前
- **生息地域** ………… アフリカ
- **体長** ……………… 15〜17m
- **食性** ……………… 肉食

前回の戦い vs アンキロサウルス

P.112

アンキロサウルスの尻尾を見せつけられたスピノサウルスは、背後からの攻撃をあきらめて相手の正面へと移動。アンキロサウルスの前足に咬みついた。アンキロサウルスは逃れようともがくが、スピノサウルスはそのまま相手の首をしっかりつかみ、体をひねってあおむけにひっくり返して勝利。

準決勝-2

対戦ステージ　水辺／水中

映画『ジュラシック・パーク3』でも見られた対戦が実現。映画の中では、スピノサウルスが勝利を収めたが、ここでの対決はどちらが勝つ？

バトルシーン 1
下からの攻めでスピノサウルスが優勢に

ティラノサウルスは地面をはう相手に上から咬みつきかかるが、よく動く長い首をとらえきれない。一方、スピノサウルスにとって、相手の太い首はとらえやすい目標だ。下からティラノサウルスに食らいつくと、水中へ引きずっていく。

ティラノサウルスがスピノサウルスに捕まった！

LOCK ON!!

前足も使って相手を捕獲

アゴでくわえるだけでなく、前足でも相手を捕まえる。ティラノサウルスといえど、簡単には振りほどけない。

LOCK ON!!

バトルシーン 2
両者が咬みあって我慢比べに

浅瀬に引き込まれたティラノサウルスは、泥に足を取られて動きが鈍くなる。そのスキをつき、スピノサウルスが後足に咬みついた。だが、ティラノサウルスも背びれを咬んで応戦する。

絶大なる咬合力
最強の咬合力（咬む力）を誇るティラノサウルス。スピノサウルスの背びれも無事ではすまないだろう。

浅瀬で激しく咬みあう巨竜たち

バトルシーン 3
すべてを砕くアゴの力で勝利をつかむ

ティラノサウルスはひと咬みで相手の背びれの骨を粉砕。痛みで顔を上げたスピノサウルスに襲いかかり、首に咬みついた。ここからスピノサウルスが逆転するのは不可能だ。

ティラノサウルスの勝ち

コラム6

恐竜の一生

恐竜たちは、どのように生まれ、成長していったのか？ そしてどのくらい生きることができ、どんな理由で死んだのか？ 恐竜たちがどんな一生を送っていたのか、現在までの研究で判明している内容をもとに詳しく紹介していこう。

恐竜の誕生

我々人類やイヌ、ネコなどの哺乳類は、母親が子どもを産む。恐竜に近い動物である鳥類や爬虫類は卵を産み、子どもは卵から誕生する。恐竜たちはどうだったのだろうか？

これについては恐竜の卵の化石という明確な答えが見つかっており、ほとんどの恐竜が卵を産んでいたのは間違いないと考えられている。卵の数は恐竜の種類によって差があるが、見つかっている化石では、15〜30個ほどの例が多いようだ。

▲恐竜の誕生。卵の殻を破って出てきた子どもたちは、すでに親と同じような姿をしている。

恐竜は子育てをした？

現在の鳥類は親が卵を温め、子ども (ヒナ) がある程度育つまで世話をするのが普通。爬虫類でも、ワニの仲間に子育てをするものがいる。恐竜の場合も、卵を温めたり巣の中で子どもの世話をしていたことがわかる化石が見つかっている。

また、大人の恐竜と一緒に小さな子どもの化石がまとまって見つかることもあり、群れで協力して子どもを守っていた種類もいたようだ。すべての恐竜が子育てをしたとは限らないが、一部が何らかの形で子どもの面倒を見ていたのは確実だろう。

恐竜の成長速度

　一般的に体の大きな動物は、大人の体に成長するのに長い時間がかかる。恐竜も大きな種類は成長するまでに10年以上の時間が必要だった。成長のペースは一定ではなく、急激に体が大きくなる「成長期」があったことがわかっている。右の表はティラノサウルスの成長ペースを記したもの。ティラノサウルスの場合は、10歳から20歳くらいまでが成長期で、それ以外の時期はゆるやかに成長していたようだ。

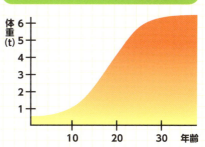

ティラノサウルスの成長例

恐竜の寿命

　恐竜の寿命は、種類によってさまざま。下の表は、人類や現代の動物たちとおもな恐竜の寿命を比較したもの。一般的に体の小さな恐竜ほど短命で、大きな恐竜ほど長寿だった。多くの恐竜はこの寿命まで生きることはできず、ほかの恐竜に襲われたり病気やケガで早死にしたと考えられている。大型の肉食恐竜でも、生まれてから2年の間に約60％が死んでしまったというから、何とも厳しい世界である。

長寿の代表
ブラキオサウルス

さまざまな生物の平均寿命

生物	平均寿命
人間	（約80年）
イヌ	（10〜15年）
ライオン	（オス約10年、メス約15年）
アフリカゾウ	（約70年）
小型の獣脚類（デイノニクスなど）	（約5年）
大型の獣脚類（ティラノサウルスなど）	（約30年）
竜脚形類（ブラキオサウルスなど）	（100年以上）

決勝

アルゼンチノサウルス
大地を揺るがす超巨大竜

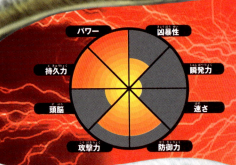

- 分類 ……………… 竜盤目竜脚形亜目ティタノサウルス科
- 生息年 …………… 1億1000万〜9300万年前
- 生息地域 ………… 南アメリカ
- 体長 ……………… 35〜40m
- 食性 ……………… 植物食

大きさの比較

前回の戦い vs デイノニクス　P.120

デイノニクスたちは次々にアルゼンチノサウルスに飛びかかるが、ほとんどダメージを与えられない。そこで、1体が首を駆け上がり、無防備な頭を攻撃した。だが、これに怒ったアルゼンチノサウルスは、相手を地面に叩き落としてノックアウト。驚いた残りのデイノニクスたちは逃げていった。

S ティラノサウルス

究極の進化をとげた暴君竜

- パワー
- 凶暴性
- 持久力
- 瞬発力
- 頭脳
- 速さ
- 攻撃力
- 防御力

- **分類** ……… 竜盤目獣脚亜目ティラノサウルス科
- **生息年** ……… 7000万～6600万年前
- **生息地域** ……… 北アメリカ
- **体長** ……… 12～13m
- **食性** ……… 肉食

前回の戦い vs スピノサウルス

P.124

スピノサウルスはアゴと前足でティラノサウルスを捕まえ、浅瀬に引きずりこんだ。不安定な足場で相手の動きが鈍ったスキをついて、スピノサウルスはすかさず相手の後足に咬みつく。だが、ティラノサウルスは動じずにスピノサウルスの背びれを咬み砕くと、痛みでのける相手の首を咬み潰した。

決勝

対戦ステージ　草原

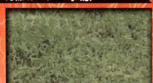

究極の巨体と、最強の咬みつき。ずば抜けた武器で対戦相手を粉砕して決勝まで勝ち上がってきた両者が激突。恐竜王の座につくのはどちらだ？

バトルシーン 1
アルゼンチノサウルスが堅い守りで優勢に

ティラノサウルスは相手に並ぶように立ち、咬みつこうとする。だが、アルゼンチノサウルスは尻尾や体をぶつけて、簡単には攻撃させない。巨体から繰り出される一撃は重く、ティラノサウルスは何度もよろめかされる。

アルゼンチノサウルスのパワーが炸裂

LOCK ON!!

超重量の肉体
史上最大級の体は、それ自体が武器。体重を乗せた尻尾の一撃や体当たりは、とてつもない威力をもつ。

ティラノサウルスが巨竜の足を咬み潰す！

バトルシーン2
ティラノサウルスが咬みかかり反撃開始

何度も弾き返されながらもティラノサウルスは突進を続けた。そしてついにアルゼンチノサウルスの前足に食らいつく。凄まじいアゴの力を受け、アルゼンチノサウルスがひるんだ！

最強の咬みつき
自動車を咬み潰せるともいわれる、驚異的な破壊力を秘めたアゴ。その超パワーが、相手の前足を粉砕する。

>>> LOCK ON !!

バトルシーン3
ひと咬みですべてを壊すパワーで頂点に

ティラノサウルスの牙はアルゼンチノサウルスの筋肉を断ち切り、骨にまで届いた。地響きをたてて倒れるアルゼンチノサウルスの首に、ティラノサウルスの死の顎が迫る！

頂点はティラノサウルス！

コラム7

実際の歯・爪の大きさ

現代のライオンやワニ、オオカミなども大きな牙（歯）や爪をもっているが、もっと大きな体の恐竜はどのくらいの牙や爪をもっていたのか？　史上最大級の肉食恐竜であるティラノサウルスの牙と爪、目を原寸大で紹介しよう。

ティラノサウルスの骨格

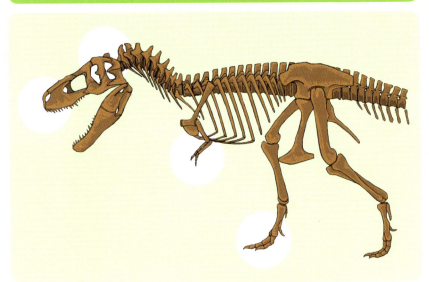

眼球
推定約8cm

眼球は顔の前向きについており、獲物との距離を測りやすかった。横方向の視野は狭いが、これはほかに敵がいなかったことの証明だ。

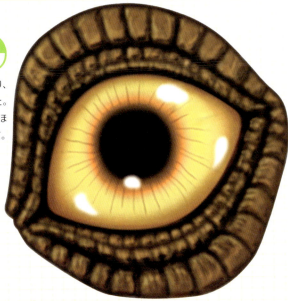

※眼球は化石に残らない部分のため、あくまで編集部独自の推定となります。

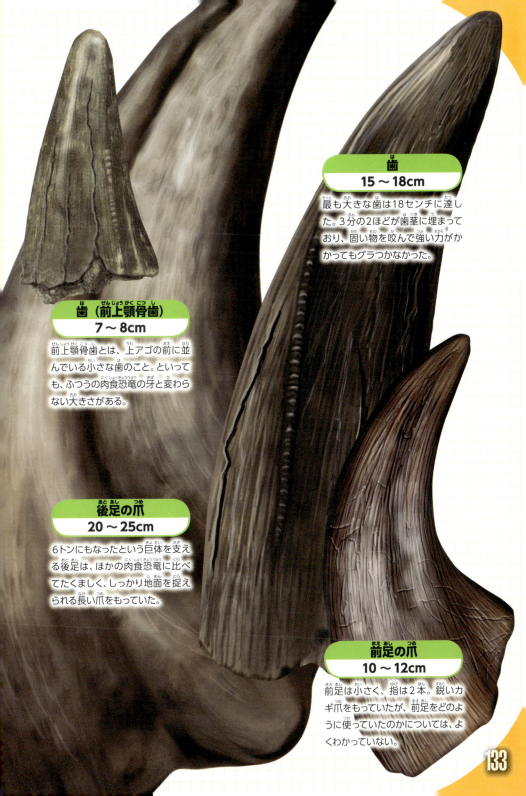

歯
15～18cm
最も大きな歯は18センチに達した。3分の2ほどが歯茎に埋まっており、固い物を咬んで強い力がかかってもグラつかなかった。

歯（前上顎骨歯）
7～8cm
前上顎骨歯とは、上アゴの前に並んでいる小さな歯のこと。といっても、ふつうの肉食恐竜の牙と変わらない大きさがある。

後足の爪
20～25cm
6トンにもなったという巨体を支える後足は、ほかの肉食恐竜に比べてたくましく、しっかり地面を捉えられる長い爪をもっていた。

前足の爪
10～12cm
前足は小さく、指は2本。鋭いカギ爪をもっていたが、前足をどのように使っていたのかについては、よくわかっていない。

〜戦いを

強力な武器で圧勝した ティラノサウルス

　人類が誕生するはるか昔、地球上の支配者だった恐竜たち。その中で最も強かったのは誰か？　トーナメントでの戦いぶりや結果をふまえて、恐竜たちの実力を振り返ってみよう。

　まずは優勝者であるティラノサウルスから。戦い方はとにかく咬みつき、相手を粉砕するという単純なものだったが、圧倒的な勝ちっぷりで最後までほとんど苦戦する様子は見せなかった。その強さの秘密は、ほかの恐竜とは比較にならないほど強力なアゴにある。最新の研究では、ティラノサウルスがものを咬む力は、現代のワニの8倍以上、大型肉食恐竜であるアロサウルスの約6倍、ギガノトサウルスと比較しても約3倍もあったという驚きの結果が出されている。実際に、ティラノサウルスのものと思われるフンの化石には大量の骨のかけらが含まれており、獲物の骨までやすやすと咬み砕くアゴの力をもっていたのは間違いない。大型の肉食恐竜にはカギ爪や尻尾などの武器もあるが、中心となるのはやはり咬みつき。特に前足が小さいティラノサウルスにとって、咬みつきの重要度は高い。その主力武器の力がこれだけ飛び抜けているのだから、トーナメントでの活躍ぶりも当然といえるだろう。

大型肉食恐竜の力関係

　この絶対的な王者ティラノサウルスにたちうちで

終えて〜

きそうな相手はいるのだろうか？　大きさではひけをとらないギガノトサウルスやスピノサウルス、トーナメントでは未対決だがカルカロドントサウルスなどはどうだろうか。

　残念ながら彼らがティラノサウルスに勝てる可能性はあまり高くない。ギガノトサウルスやカルカロドントサウルスのアゴは獲物を咬み砕くのではなく、肉を切り裂くのに適している。スピノサウルスに至っては、魚類を捕まえやすく逃がしにくいように発達したアゴだ。ティラノサウルスに咬みついても一撃で致命的な傷を与えるのは難しく、逆に相手に咬まれてしまえば致命傷を負ってしまう。これでは余程の幸運に恵まれない限り勝負にならないだろう。ただ、対戦の中でもそれに近い展開になりかけたが、スピノサウルスがティラノサウルスを深い水中に引きずり込むことができれば、互角以上に戦えた可能性が高い。戦う場所によっては勝つチャンスが増えるかもしれない。

　そしてティラノサウルスとの力関係では劣るが、彼らのような大型肉食恐竜は、ほかのほとんどの恐竜よりもずっと強いことを忘れてはならない。トーナメントではカルカロドントサウルスがアルゼンチノサウルスに負けてしまったが、ギガノトサウルスがブラキオサウルスを倒したように、鋭い牙でアルゼンチノサウルスを何度も傷つけて弱らせ、勝利した可能性も十分にあった。

　総合的には3頭ともトーナメント上位の実力者と評価できる。

変則ルールで大活躍のディノニクス

　トーナメントでベスト4に勝ち上がったディノニクスの実力はどの程度なのだろうか？　ディノニクスはトーナメント参加者では最小で、単体の戦闘能力では大きく劣ることを考慮して特別に3体のチームでの出場となった。群れで狩りをするディノニクスにとって、この条件は予想以上の追い風となり、見事なコンビネーションで次々に勝ち進んだ。ただ、準決勝でアルゼンチノサウルスに一蹴されたように、あまりに大きな恐竜が相手になるとディノニクスの力では致命的な傷をつけることができず、勝てなくなる。快進撃はトーナメントの組み合わせに恵まれた結果でもあり、真の実力は割り引いて考えなければならない。そもそも1対1での戦いならば、トーナメント初戦で敗れたイグアノドンやディロフォサウルスにも勝つのは難しいだろう。

植物食恐竜の実力は？

　角や骨の鎧などさまざまな武装を身にまとった植物食恐竜たち。彼らの姿はいかにも強そうだが、トーナメントではあまり勝ち進むことができなかった。大型肉食恐竜にとって彼らの武装はあまり効果的ではなかったようだ。そもそも武装した植物食恐竜たちを日常的に狩れないようでは、大食漢の肉食恐竜たちは生きていけない。代表的な角竜であるトリケラトプスとティラノサウルスは、同時代に生きた恐竜で、宿命のライバルのように描かれることもあるが、実際のところ、トリケラトプスはティラノ

サウルスによく食べられていたようだ。
　大型肉食恐竜に対抗できる可能性が高い植物食恐竜は、前述したような武装をしたものたちではなく、巨大な体の竜脚形類だろう。ブラキオサウルスやアルゼンチノサウルスの体格なら、尻尾で叩いて倒してから踏み潰せば、たいていの肉食恐竜を倒すことができる。サバンナでアフリカゾウを単独で襲う肉食獣がいないように、巨大な竜脚形類に単独で襲いかかる肉食恐竜もほとんどいなかったようだ。今回のトーナメントのように1対1で戦えば、大型の肉食恐竜たちともいい勝負を繰り広げることができるはずだ。

それぞれの実力を比べてみると？

　さて、ここまで恐竜たちの実力を再確認したうえで、力関係を見てみよう。まず、頂点に立つのは、トーナメントでも結果を残したティラノサウルス。あとに続く強豪のギガノトサウルス、カルカロドントサウルス、スピノサウルスらとの実力差を考えると、ティラノサウルスの絶対王者としての地位は揺るぎのないものと思われる。
　そして、上記の大型肉食恐竜たちと同等と思われるのがアルゼンチノサウルス、体格の差でやや劣るがブラキオサウルスもかなりの強者だろう。
　だが、恐竜の研究はまだまだ未知の部分が多い。生態や能力については驚きの新事実が見つかり、それまでの恐竜像がまるっきり変わってしまうこともある。また、毎年のように新種の恐竜も発見されている。現時点の王者はティラノサウルスだが、いずれ我々の想像を超えるような猛者がまだ地中に眠っているのかもしれない。

恐竜の知識が深まる
用語集

恐竜の大きさのはかり方と、古代の生き物に関連する用語を解説。恐竜の大きさは全長と体高、翼竜は翼長ではかるのが一般的だ。

大きさのはかり方

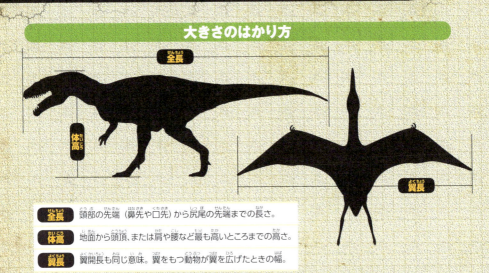

- **全長** 頭部の先端（鼻先や口先）から尻尾の先端までの長さ。
- **体高** 地面から頭頂、または肩や腰など最も高いところまでの高さ。
- **翼長** 翼開長も同じ意味。翼をもつ動物が翼を広げたときの幅。

用語（50音順）

【威嚇】
牙や角を見せつけたり、うなり声をあげて相手を脅かす行動。争いを避けるための警告に使われる。植物食恐竜の武装は威嚇の意味もあった。

【羽毛恐竜】
鳥類のように体が羽毛でおおわれている、または体の一部に羽毛をもつ恐竜をひとまとめにした呼び方。防寒や卵を温めるために発達したという。

【鱗】
体の表面をおおう板状の組織。人間の爪のように硬く、身を守る効果がある。アンキロサウルスなどがもつ装甲板は、鱗が発達してできたもの。

【海棲爬虫類】
おもに海で生活する爬虫類のこと。中生代には魚竜や首長竜、海トカゲ類などさまざまな爬虫類が海中で大繁栄していた。

【カギ爪】
湾曲した爪のことで、先端は鋭く尖っていることが多い。地面をしっかりとらえて歩行の助けになったり、戦いのための武器に使われたりした。

【学名】
生物につけられた世界共通の名前。ラテン語が使われる。ほとんどの恐竜は、学名の一部がそのまま呼び名として使われている。

【化石】
生物の死骸が土などに埋まり、長い年月をかけて形を残したまま別の物質に変化したもの。足跡や巣の跡などが化石として残ることもある。

【牙】
大きく発達した歯のこと。肉食恐竜の多くは、獲物をとらえたり肉を引き裂くために、巨大な牙をたくさんもっていた。

【咬合力】
物を咬む力。恐竜の咬合力は、アゴの骨の形から筋肉のつき方を推測して計算される。計算方法はいくつもあるので、研究者によって差が出る。

【古生物学】
過去に生きていた生物の分類や生態、進化などについて研究する学問のこと。恐竜の研究者たちも古生物学者の一員である。

【骨盤】
腰の部分にある骨。腸骨、恥骨、坐骨という3つの骨で構成される。基本的に恥骨が頭のほうを向いているのが竜盤目、尻尾のほうを向くのが鳥盤目。

【雑食】
草や果実など植物性の食べ物と、動物の肉や昆虫など動物性の食べ物の、両方を食べる食性。植物食と肉食のバランスは、生物によって異なる。

【出血】
皮膚や血管が傷つき、血を流すこと。大量の血液を失った生物は弱って死んでしまう。大きな獲物を出血させて倒す肉食恐竜もいたといわれる。

【植物食】
草や木の葉、木の皮、果実など植物性の食べ物を食べる食性。獣脚類以外の恐竜は基本的に植物食だったと考えられている。

【進化】
生物が世代を重ねていくうちに、体の大きさや姿を少しずつ変化させていくこと。生活環境の変化や外敵に対抗するために進化する例が多い。

【脊椎】
背骨のこと。魚類、両生類、爬虫類、鳥類、哺乳類は脊椎をもつので脊椎動物と呼ばれる。恐竜も現在は爬虫類に分類されているので、脊椎動物。

【絶滅】
ひとつの生物種がすべて死に絶えること。恐竜は中生代と呼ばれる時代に大繁栄していたが、中生代の終わりに何らかの原因ですべて絶滅した。

【背びれ】
背中側についているひれ。背びれをもつ恐竜はスピノサウルスなど数種類いる。機能については体温調節や仲間へのアピールなど諸説ある。

【窒息】
呼吸ができなくなること。現代の肉食動物は、獲物の首を咬んで窒息死させることが多く、肉食恐竜も同じように獲物を倒していた可能性がある。

【角】
動物の頭部にある、突き出た部分。頭の骨が変化してできたものが多い。白亜紀には、トリケラトプスのような長い角をもつ角竜が大繁栄した。

【DNA】
生物の細胞の中にある、遺伝に関する情報を記憶した物質。年月が経つと壊れていくため、恐竜の完全な遺伝情報を知るのは、現代では難しい。

【肉食】
動物の肉や昆虫など、動物性の食べ物を食べる食性。ティラノサウルスやデイノニクスなど、獣脚類の仲間はほとんどが肉食性と考えられている。

【捕食者】
爬虫類や魚類など、ほかの動物を襲って食べる肉食性の生物のこと。おもに死んだ生物の肉を食べている生物の場合は、捕食者とは呼ばれない。

【和名】
生物につけられた日本語の名前。世界共通の名前である学名はラテン語で日本人にはなじみがないため、読みやすい和名がつけられることが多い。

もっと知りたい 恐竜データ

この本に登場した恐竜たちのデータを、50音順に紹介。掲載ページを参照して、その生態や戦いぶりを確認してみよう。

アルゼンチノサウルス
P.063・099・118・128

発見されている化石は体のほんの一部で、背骨の長さは130センチ、足の骨は150センチもあった。史上最大級の恐竜と考えられており、地上で生活できる動物の大きさの限界に達しているといわれる。

- 生息年 ▶▶▶ 1億1000万〜9300万年前
- 生息地域 ▶▶▶ 南アメリカ
- 体長 ▶▶▶ 35〜40m
- 食性 ▶▶▶ 植物食

アロサウルス
P.036・077

ジュラ紀では最大級の肉食恐竜。スマートな体形で運動能力が高く、群れを作って大型の草食恐竜を襲っていた。子どもから老体までさまざまな年齢の化石が数多く発見されており、詳しい研究が進んでいる。

- 生息年 ▶▶▶ 1億5500万〜1億4500万年前
- 生息地域 ▶▶▶ 北アメリカ
- 体長 ▶▶▶ 7〜12m
- 食性 ▶▶▶ 肉食

アンキロサウルス
P.045・085・110・123

小さな骨の装甲板で体をおおっている、鎧竜と呼ばれるグループの最大種。装甲板の内部は空洞で、意外に体重は軽かったと考えられている。敵に襲われると、コブのついた尻尾を振り回して応戦した。

- 生息年 ▶▶▶ 6800万〜6600万年前
- 生息地域 ▶▶▶ 北アメリカ
- 体長 ▶▶▶ 6〜10m
- 食性 ▶▶▶ 植物食

アンペロサウルス
P.048・088

長い首と尻尾をもつ、竜脚形類の仲間。同種の中では中型サイズ。首から尻尾にかけての背中側がトゲや骨の板でおおわれており、肉食恐竜の攻撃から身を守るのに役立ったと考えられている。

- 生息年 ▶▶▶ 1億〜6600万年前
- 生息地域 ▶▶▶ ヨーロッパ
- 体長 ▶▶▶ 15〜18m
- 食性 ▶▶▶ 植物食

イグアノドン
P.018・059

恐竜という存在がまだ世の中に知られていなかった時代に発見され、世界を驚かせた。四足歩行と二足歩行を使い分ける植物食恐竜で、前足の親指がスパイクのように鋭くとがっているのが特徴。

- 生息年 ▶▶▶ 1億5000万〜1億2600万年前
- 生息地域 ▶▶▶ ユーラシア大陸、アフリカ、北アメリカ
- 体長 ▶▶▶ 7〜10m
- 食性 ▶▶▶ 植物食

カルカロドントサウルス
P.019・059・098・118

サメのような切れ味鋭い歯をもつ大型の肉食恐竜。アゴの横幅は狭く、獲物を咬み砕くのではなく肉を食いちぎるのに適していた。当時のアフリカでは、捕食者の頂点にいたと考えられている。

- 生息年 ▶▶▶ 1億〜9300万年前
- 生息地域 ▶▶▶ アフリカ
- 体長 ▶▶▶ 10〜14m
- 食性 ▶▶▶ 肉食

ギガノトサウルス　　P.040・080・107・122

- 生息年 ▶▶▶ 9800万～9600万年前
- 生息地域 ▶▶▶ 南アメリカ
- 体長 ▶▶▶ 12～14m
- 食性 ▶▶▶ 肉食

アロサウルスに近い仲間で、南アメリカで発見された肉食恐竜では最大級。群れを作って狩りをしていた可能性が高く、アルゼンチノサウルスなどの巨大な竜脚形類をおもな獲物にしていたという。

ケツァルコアトルス　　P.027・067

- 生息年 ▶▶▶ 7500万～6600万年前
- 生息地域 ▶▶▶ 北アメリカ
- 体長 ▶▶▶ 翼長11m
- 食性 ▶▶▶ 肉食

史上最大級の翼竜。骨の内部が空洞になっていたため、推定体重は70キロ程度と非常に軽かった。大きな翼を広げて上昇気流を受け、空を滑空した。獲物は魚類や小さな恐竜だったと考えられている。

ケラトサウルス　　P.071・103・119

- 生息年 ▶▶▶ 1億6000万～1億4000万年前
- 生息地域 ▶▶▶ 北アメリカ
- 体長 ▶▶▶ 4.5～8m
- 食性 ▶▶▶ 肉食

中型の肉食恐竜。前足の指が4本という古い時代の肉食恐竜の特徴がある。体の大きさに対してかなり長い牙をもち、特に上アゴの牙は立派。大型の草食恐竜を獲物にしていた可能性が高い。

サウロペルタ　　P.041・080

- 生息年 ▶▶▶ 1億2500万～1億年前
- 生息地域 ▶▶▶ 北アメリカ
- 体長 ▶▶▶ 5～6m
- 食性 ▶▶▶ 植物食

小さな骨の板で体をおおった中型の鎧竜の仲間。首から肩にかけてトゲが生えており、そのうち1本はかなり長く伸びている。このトゲは肉食恐竜への威嚇のために発達したものと考えられている。

サルコスクス　　P.049・088・111

- 生息年 ▶▶▶ 1億1000万年前
- 生息地域 ▶▶▶ アフリカ
- 体長 ▶▶▶ 10～12m
- 食性 ▶▶▶ 肉食

史上最大級のワニ。長く伸びた細長いアゴには、100本以上の鋭い歯が並ぶ。アゴの形や目が上向きについているといった特徴は水中生活に適しており、魚類や水辺に近づく恐竜などを獲物にしていたようだ。

スコミムス　　P.022・062・099

- 生息年 ▶▶▶ 1億1000万～1億年前
- 生息地域 ▶▶▶ アフリカ
- 体長 ▶▶▶ 11m
- 食性 ▶▶▶ 肉食

ワニのようなアゴをもつ大型の肉食恐竜。130本もある歯は、くわえた獲物を逃がさないように斜めに生えている。水辺で生活し、長いアゴと大きめの前足を使って魚類を捕まえて食べていたと考えられている。

ステゴサウルス　　　　　　　P.066・102

背中に複数の骨の板が並んだ、独特の姿の植物食恐竜。骨の板はあまり頑丈ではなく、仲間へのアピールに使われていたようだ。尻尾の先には4本のトゲがあり、肉食恐竜に対する強力な武器になった。

- 生息年 ▶▶▶ 1億5500万〜1億4500万年前
- 生息地域 ▶▶▶ アジア（中国）、北アメリカ
- 体長 ▶▶▶ 7〜9m
- 食性 ▶▶▶ 植物食

スピノサウルス　　　　　　　P.089・111・123・129

背中に帆のような大きな背びれをもつ、史上最大級の肉食恐竜。水中生活に適した体で、魚類を主食にしていた。前足がかなり大きく、肉食恐竜としては珍しく四足歩行していた可能性が高いとされる。

- 生息年 ▶▶▶ 9700万年前
- 生息地域 ▶▶▶ アフリカ
- 体長 ▶▶▶ 15〜17m
- 食性 ▶▶▶ 肉食

デイノニクス　　　　　　　P.026・067・102・119・128

小型の肉食恐竜で、知能が高く群れで生活したと考えられている。後足に15センチもある巨大なカギ爪をもつ。この爪はふだんは上に向けられており、狩りになると回転して前に向けられ、獲物の体を貫いた。

- 生息年 ▶▶▶ 1億4400万〜9900万年前
- 生息地域 ▶▶▶ 北アメリカ
- 体長 ▶▶▶ 2.5〜4m
- 食性 ▶▶▶ 肉食

ティラノサウルス　　　　　　　P.076・106・122・129

巨大な頭と不釣り合いなほど小さな前足をもつ、大型の肉食恐竜。獲物との距離をはかりやすい目や、優れた嗅覚を備えていた。アゴの力がとてつもなく強く、獲物を骨まで咬み砕いて食べることができた。

- 生息年 ▶▶▶ 7000万〜6600万年前
- 生息地域 ▶▶▶ 北アメリカ
- 体長 ▶▶▶ 12〜13m
- 食性 ▶▶▶ 肉食

ディロフォサウルス　　　　　　　P.023・062

中型の肉食恐竜。頭にはトサカがあり、仲間へのアピールに使われていたという。アゴが細く咬む力はそれほど強くなかったようで、小さな動物や魚類などを食べていたと考えられている。

- 生息年 ▶▶▶ 2億〜1億8300万年前
- 生息地域 ▶▶▶ アジア（中国）、北アメリカ
- 体長 ▶▶▶ 5〜7m
- 食性 ▶▶▶ 肉食

テリジノサウルス　　　　　　　P.058・098

獣脚類のほとんどはほかの動物を襲って食べる肉食恐竜だが、テリジノサウルスは植物食だった可能性が高い。前足が大きく、70センチ以上もあったカギ爪を使って木の枝をたぐり寄せて葉を食べていたという。

- 生息年 ▶▶▶ 7500万〜7000万年前
- 生息地域 ▶▶▶ アジア（モンゴル）
- 体長 ▶▶▶ 8〜11m
- 食性 ▶▶▶ 植物食

トリケラトプス　P.037・077・106

- 生息年 ▸▸▸ 7000万～6600万年前
- 生息地域 ▸▸▸ 北アメリカ
- 体長 ▸▸▸ 8～9m
- 食性 ▸▸▸ 植物食

最大級の角竜。頭には3本の角があり、目の上の2本は長さ1.8メートルに達した。ほかの角竜に比べて頭部に傷のある化石が多く見つかっており、仲間と激しく角を突き合わせて力比べをしていたらしい。

パキケファロサウルス　P.030・070

- 生息年 ▸▸▸ 7600万～6800万年前
- 生息地域 ▸▸▸ 北アメリカ
- 体長 ▸▸▸ 4～7m
- 食性 ▸▸▸ 植物食

最大で厚さ30センチにもなる、分厚く頑丈な頭骨をもつ。この頭をぶつけて戦ったという説が有力だが、仲間へのアピールのために発達したという説もある。体はスマートで、走るのは速かったようだ。

ブラキオサウルス　P.081・107

- 生息年 ▸▸▸ 1億5000万～1億4500万年前
- 生息地域 ▸▸▸ アフリカ、北アメリカ
- 体長 ▸▸▸ 25m
- 食性 ▸▸▸ 植物食

大型の竜脚形類。今から100年以上前に発見され、長い間史上最大級の恐竜と考えられてきた。後足より前足が長く、肩の位置がとても高い。背の高さを生かして、高い位置にある植物を食べていたという。

ペンタケラトプス　P.031・070・103

- 生息年 ▸▸▸ 7500万～6800万年前
- 生息地域 ▸▸▸ 北アメリカ
- 体長 ▸▸▸ 7～8m
- 食性 ▸▸▸ 植物食

頭の後ろに巨大なフリルをもつ大型の角竜。鼻の上の1本、目の上の2本の角のほかに、顔の横やフリルの縁にも大小の角をもつ。肉食恐竜に襲われたときには、このたくさんの角を振りかざして身を守った。

ユウティラヌス　P.044・085

- 生息年 ▸▸▸ 1億2500万年前
- 生息地域 ▸▸▸ アジア（中国）
- 体長 ▸▸▸ 9m
- 食性 ▸▸▸ 肉食

体が羽毛でおおわれていた肉食恐竜。羽毛をもつ恐竜は小さなものが多く、これほど大きな種類が発見されたのは初めてのことだった。生息地域の気温が低く、防寒のために羽毛が発達したといわれる。

ユタラプトル　P.084・110

- 生息年 ▸▸▸ 1億2500万～1億2000万年前
- 生息地域 ▸▸▸ 北アメリカ
- 体長 ▸▸▸ 5～7m
- 食性 ▸▸▸ 肉食

スマートな体と長い足、尻尾をもつ中型の肉食恐竜。知能と運動能力が高く、群れで狩りをする強力な捕食者であったと考えられている。後足のカギ爪は20センチもあり、これで獲物の体を引き裂いた。

エキシビション

ダンクルオステウス　P.053
エラスモサウルス　P.093
リードシクティス　P.052
モササウルス　P.092

その他

イクチオサウルス　P.075
ディモルフォドン　P.074
オヴィラプトル　P.096
ティロサウルス　P.075
トロオドン　P.116
プテラノドン　P.074
フタバスズキリュウ　P.075
マイアサウラ　P.096

参考文献

『Dinosaurs: A Field Guide.』
著 Gregory S. Paul（A&C Black）

『ホルツ博士の最新恐竜事典』
著 トーマス R. ホルツ Jr.、イラスト ルイス V. レイ（朝倉書店）

『恐竜学入門──かたち・生態・絶滅』
著 David E. Fastovsky、著 David B. Weishampel（東京化学同人）

『恐竜（学研の図鑑 LIVE)』
監修 真鍋真（学研プラス）

『新版 恐竜 DVD 付新版（小学館の図鑑 NEO）』
著・監修 冨田幸光（小学館）

『恐竜 新訂版（講談社の動く図鑑 MOVE）』
監修 小林快次（講談社）

『恐竜（ポプラディア大図鑑 WONDA）』
監修 真鍋真（ポプラ社）

『実物大 恐竜図鑑』
著 デヴィッド・ベルゲン（小峰書店）

『ジュラ紀の生物』
著 土屋健（技術評論社）

『白亜紀の生物 上巻／下巻』
著 土屋健（技術評論社）

『大人のための「恐竜学」』
著 土屋健（祥伝社）

『ティラノサウルスはすごい』
著 土屋健（文藝春秋）

※そのほか、多くの書籍、論文、Webサイト、新聞記事、映像を参考にさせていただいております。

【監修】
實吉達郎 (さねよし たつお)

動物学者、動物研究家。1929年、父の赴任地・広島で生まれる。東京農業大学を卒業し、三里塚御料牧場、野毛山動物園に勤務。1955年から1962年まで、ブラジルへ移住し、移民生活をしながらアマゾナス州その他で動物研究を行う。帰国後は、動物ライター、ノンフィクションライターとして活躍。テレビ、ラジオ出演多数。日本シャーロックホームズクラブ会員。著書は『動物最強王図鑑』『絶滅動物最強王図鑑』(学研プラス)、『動物解体新書』(新紀元社)、『おもしろすぎる動物記』(ソフトバンククリエイティブ)など90冊を超える。

恐竜最強王図鑑

2016年12月27日	第1刷発行		編集・構成	株式会社ライブ
2024年4月4日	第27刷発行			齊藤秀夫／花倉渚
			立ち絵イラスト/バトル・コラムイラスト(下絵)	
				松原由幸
監 修	實吉達郎		バトル・コラムイラスト(着色)	
発行人	土屋 徹			トシ (平井敏明)
編集人	芳賀靖彦		ライティング	松本英明
編集長	目黒哲也		デザイン	黒川篤史 (CROWARTS)
発行所	株式会社Gakken		編集協力	高木直子
	〒141-8346		協力	株式会社NOT INCLUDE
	東京都品川区西五反田2－11－8			むかい誠一
印刷所	中央精版印刷株式会社			

●お客様へ

【この本に関する各種お問い合わせ先】
○本の内容については、下記サイトのお問い合わせフォームよりお願いいたします。
　https://www.gakken-plus.co.jp/contact
○在庫については、tel03-6431-1197(販売部直通)
○不良品(落丁・乱丁)については、tel0570-000577
　学研業務センター
　〒354-0045　埼玉県入間郡三芳町上富279-1
○上記以外のお問い合わせは
　Tel0570-056-710(学研グループ総合案内)

本書の無断転載、複製、複写(コピー)、翻訳を禁じます。
本書を代行業者等の第三者に依頼してスキャンやデジタル化することは、
たとえ個人や家庭内の利用であっても、著作権法上、認められておりません。

学研の書籍・雑誌についての新刊情報・詳細情報は、下記をご覧ください。
学研出版サイト　https://hon.gakken.jp/

©Gakken